献给一位伟大的匿名守护者,既无形又真实

〔西〕加比·马丁内斯 乔迪·塞拉隆加——著

〔西〕乔安娜·桑塔曼斯——绘

苏澄宇——译

看不见的动物

灭绝、生命和传说

江苏凤凰科学技术出版社 · 南京

图书在版编目（CIP）数据

　　看不见的动物：灭绝、生命和传说／（西）加比·马丁内斯，（西）乔迪·塞拉隆加著；（西）乔安娜·桑塔曼斯绘；苏澄宇译. — 南京：江苏凤凰科学技术出版社，2023.9

　　ISBN 978-7-5713-3716-2

　　Ⅰ. ①看… Ⅱ. ①加… ②乔… ③乔… ④苏… Ⅲ. ①动物—图集 Ⅳ. ①Q95-64

中国国家版本馆CIP数据核字（2023）第160990号

看不见的动物　灭绝、生命和传说

著　　　者	［西］加比·马丁内斯　乔迪·塞拉隆加
绘　　　者	［西］乔安娜·桑塔曼斯
译　　　者	苏澄宇
责 任 编 辑	向晴云
特 约 编 辑	韦　玮　陈梦瑶
封 面 设 计	湖浪工作
内 文 排 版	双福文化
责 任 校 对	仲　敏
责 任 监 制	方　晨

出 版 发 行	江苏凤凰科学技术出版社
出版社地址	南京市湖南路1号A楼，邮编：210009
出版社网址	http://www.pspress.cn
印　　　刷	佛山市华禹彩印有限公司

开　　　本	718mm×1000mm　1/16
印　　　张	15
插　　　页	4
字　　　数	246 000
版　　　次	2023年9月第1版
印　　　次	2023年9月第1次印刷

标 准 书 号	ISBN 978-7-5713-3716-2
定　　　价	78.00元（精）

图书如有印装质量问题，可随时向我社印务部调换。

序

在互联网上有很多由神秘动物学爱好者制作的网站。虽然有时候神秘动物学看起来遵循了某种学术路线，这类研究以独特的方式满足了公众对自儒勒·凡尔纳开创科幻小说以来各种奇幻故事的兴趣，但总的来说它还是一种伪科学：专注于那些没有确凿证据的神秘故事和神话动物。

每年都有新物种被动物学家发现，并有相关的论文进行证明，而神秘动物学家从未证实过任何一种神秘动物的存在。《看不见的动物》中也描述了一些只存在于想象中的生物，但这本书的重点还是科学。

我对神秘动物学家的印象是，尽管他们的猜测很有趣，但他们通常试图随机地利用动物学和古生物学的某些发现，有时夹杂着一些不相关的数据，人为地将各种动物的残骸或化石组合在一起，创造出完全不可能存在的"神秘动物"。他们的这种做法，忽视了科学的严谨性，感觉像在试图将两块完全不匹配的拼图拼在一起。相反，严谨的科学家通过观察，试图用耐心和真实数据构建拼图，只有这些数据能自然地匹配时，才将其视为真实的存在。

　　当然，为了追踪那些不易见的动物，有时候是需要想象力和胆识的，如果有人像马丁内斯和塞拉隆加那样怀着开放的心态去寻找，总会找到一些东西。就像本书中介绍到的，米歇尔·佩塞尔虽然未能成功在中国西藏寻找到传说中的雪人，但他意外地发现了"雪人的马"——一个新马种。在我看来，幻想从不是科学的阻碍，相反，幻想对于优秀的探险家和学者来说是必不可少的。

　　《看不见的动物》是一本非常有趣的书，但这本书也提醒了我们，假如我们继续破坏大自然会有什么样的后果，一点没有夸张。这本书告诉我们一个事实：某些动物由于各种因素，一直在躲着我们。关于非洲森林中濒临灭绝的各种大猩猩及其亚种，马丁内斯和塞拉隆加说："它们的眼神带有畏惧，无论是在海岸、河流、平原，还是山区，永远不会直视我们，总是瞟着我们。我们要学会观察它们，而不是将其视若非人之物随意摧残。"正如他们所述，自新石器时代以来，人类对自然环境的改变导致了许多动物的消失。

　　科学家通过研究化石或借助其他科学工具，帮助我们想象永远无法观察到的独特生物。在《看不见的动物》中，我们将跟随作者的视角，走到地球上最偏远、最奇特的角落——从最深海域的绝对黑暗到喜马拉雅山的世界之巅，从密不透风的丛林到荒凉辽阔的沙漠。这本书给我的最大启示是：旅行的重要性。到达梦想之地，或者终于找到一种隐秘的动物，都不是最重要的，最重要的是寻找的过程，即使不能保证最终能找到我们想要的东西，寻找本身也是有价值的。

马丁内斯和塞拉隆加传递了探索的热情，让我们了解到与我们共同生活在地球上的其他生物，了解到它们居住或可能居住的地方，这可以激发我们以更有同情心和更理性的方式生活，尊重我们与其他动物共享的自然空间。自然界中的其他动物也和人类一样，渴望在有限的生命里自由地生活。为了族群的繁荣，它们会筑巢、共存、繁殖、觅食、迁徙，也会死去。正如美国自然保育协会的前主席约翰·C.萨维尔（John C. Sawhill）所言："人类社会的意义不仅在于它创造了什么，还在于它拒绝摧毁什么。"

维果·莫特森（Viggo Mortensen）
知名演员、三届奥斯卡金像奖最佳男主角提名

CONTENTS
目录

第1章　灭绝生物

数不清的动物已不复存在，

只存在于我们的想象之中。

它们的獠牙、毛发、骨头、传说……

总是不断在现代社会出现，

向我们讲述着那个庞然巨物活跃的时代。

从埋葬在西伯利亚永久冻土层中的猛犸象，

到在示巴女王的古老领地中有两个名字的瞪羚，

它们的发现让我们可以更好地了解当时的人想法如何。

过度的狩猎、违法的偷猎、不加控制的树木砍伐以及气候变化，都是一些物种灭绝的原因。除此之外，狂热的古生物学家和动物标本剥制师也间接地导致了一些动物的消失。在这本书中，你将会看到史蒂文·斯皮尔伯格对"海洋巨物"的热爱，体会到老电影《森林魅影》中的神秘莫测；还会看到一些灭绝动物最后的故事，比如平塔岛象龟"孤独乔治"的故事，还会看到有关恐鸟的介绍——它是地球上有史以来最大的鸟类。

在西伯利亚的冻土带，

有着荒蛮的高寒草原和冷酷的森林，

那里曾生活着大群的猛犸象，

如今都被埋藏在地底下，

只有带着铲子的推土机

才能将其挖掘发现……

猛犸象

Mammuthus primigenius

（布鲁门巴赫，1799）[1]

在西伯利亚永久冻土层中，埋藏着无数的猛犸象。它们的毛很长，有一米多，容易让人联想到同样毛也很长的麝牛。猛犸象弯曲的獠牙上有时会有阿拉伯式的图案。这是"和牛一样大的老鼠"，彼得大帝第一次看到猛犸象的标本时如此描述道。彼得大帝死后70余年，这只毛茸茸的标本才有了正式的名字——猛犸象（Mammuthus primigenius）。

不久前，彼得大帝看到的"超级大老鼠"解冻了，从它们出现到如今，已经几千年过去了，但它们并没有完全消失。虽然它们是以另一种形式存在，但好歹还是完整的一个躯体，

---

[1] 德国古生物学家约翰·弗里德里希·布鲁门巴赫（Johann Friedrich Blumenbach，1752—1840年），1799年为猛犸象命名。（编者按：本书注解皆为译者添加。）

并不只是存在于人们的幻想和记忆中。西伯利亚，尤其是雅库特地区，是史前动物的"冷冻室"，那里保存着近乎完美的动物尸体。这一点非常关键，不然猛犸象不会成为当今世界上被研究得最全面的灭绝物种之一。

如今，我们已经知道，在 14000 ～ 11500 年前，第四纪的大规模灭绝事件杀死了这些巨型动物，尽管一些猛犸象在这场灾难中幸存了下来，但到了公元前 1700 年，最后一批猛犸象也死在了弗兰格尔岛。气候变化通常被认为是物种灭绝的主要原因，但多数专家认为还有一个原因，那就是史前人类不可持续的捕猎方式。

当乔治·居维叶（George Curvier）[2] 看到这种来自异国的厚皮动物遗骸时马上指出，这绝不是一头大象，而是一种已经灭绝的动物，这一说法让当时的社会为之一震。要知道在当时，"灭绝"一词是完全无法被理解的，这是一个全新的概念。在此之前，人们认为能看到的活着的动物，就是地球历史上存在过的所有动物，这些动物都是诺亚方舟上幸存动物的后代，可能和船上动物的总数有点差别，但差不了几个。居维叶的理论是一座里程碑，它打开了一扇通向未知宇宙的大门。

在西伯利亚的冻土带，有着荒蛮的高寒草原和冷酷的森林，那里曾生活着大群的猛犸象，如今都被埋藏在地底下，只有带着铲子的推土机才能将其挖掘发现，例如 1977 年那具猛犸象幼崽"蒂玛"（Dima）的干尸（只有尾巴不见了）就是这么被发现的。之后，又有一位驯鹿牧民报告说，在尤里别伊河附近发现了另一具猛犸象幼崽干尸"玛莎"（Masha），这一系列的发现都证明了：西伯利亚是猛犸象生前的活动中心。蒂玛和玛莎的标本如今可以在圣彼得堡动物博物馆里看到，那里的科学家还考虑通过克隆技术复活猛犸象的可能性，得益于西伯利亚天然冰库的保存环境，所以猛犸象的遗传物质保存得比较完好。

将猛犸象复活还是不复活？专家们对此一直争个不停，与此同时，还有一些偷盗者在窥觑着这些深埋冻土下的"宝藏"。他们拥有比古生物学家和考古学家更大、更好的装备，手持着钻头，甚至动用推土机，在苔原上搜寻猛犸象的毛发、皮肤和象牙。

---

[2] 乔治·居维叶（1769—1832 年），法国著名古生物学者，解剖学和古生物学的创始人。

从灭绝到现在，
这只鸟已经成为环保运动的
标志性动物之一。

渡渡鸟

Raphus cucullatus

（林奈，1758）[1]

如果你去伦敦及其周边地区游玩，除了去大本钟、白金汉宫卫兵岗和圣诞购物的牛津街这些"必打卡点"，你还可以试试另一条游玩路线：渡渡鸟的探寻之旅。渡渡鸟，从灭绝到现在，已成为环保运动的标志性动物之一。想要开始这趟旅程，你得先到国王十字车站坐火车。当然，我们不是去霍格沃茨，所以没必要像哈利·波特和他的朋友们那样，从九又四分之三站台上车。我们要去的是另一个地方：19 世纪的牛津。

---

[1] 卡尔·冯·林奈（Carl von Linné，1707—1778 年），受封贵族前名为卡尔·林奈乌斯（Carl Linnaeus），瑞典自然学者，现代生物学分类命名的奠基人。1758 年，为渡渡鸟命名。

在那儿，牛津大学自然史博物馆就在大学学院旁边。进了博物馆，你便会看到大名鼎鼎的刘易斯·卡罗尔（Lewis Carroll）。当时的他还徜徉在科学宝藏的海洋里，这些宝藏来自世界各地。其中，他最喜欢的就是一只渡渡鸟的标本，这是一只奇怪的、肥硕的、喙的前端有些弯曲的大鸟。标本的后面有一幅渡渡鸟的画作，再现了渡渡鸟的形状和颜色。它看起来矮矮胖胖的，有一种异国的情调，我们可以想象到它走路笨拙的样子，表情看起来人畜无害。毫无疑问，它看起来是一个很友好的角色，同样友好的还有柴郡猫，他可以将它俩写进下一部小说《爱丽丝梦游仙境》中。

时间穿越到 21 世纪，我们的旅程继续。火车的下一个目的地我们来到一部纪录片中，片名叫《爱丁堡罗夫爷爷的博物馆奇妙夜》（*David Attenborough's Natural History Museum Alive*），导演是大卫·爱登堡爵士。到了晚上，当伦敦自然史博物馆闭馆后，这位博物学家藏在里面。和他一起度过博物馆奇妙之夜的，有一只守在门厅里的恐龙"迪皮"、一只大地懒，还有其他馆藏动物。他坐在长凳上，看着远处有一只鸟向他走来……是渡渡鸟！此时，渡渡鸟不再是一具冷冰冰的骨架，而是有血有肉、自由自在的活物。然后，他介绍道，其实真实的渡渡鸟比我们想象的更灵活、更瘦，外表也没有那么鲜艳多彩。为什么这么出名的鸟还有这么多的不确定性呢？因为它在被科学家研究之前，早已灭绝。

1674 年，在印度洋的毛里求斯岛上，一个逃亡的奴隶成了最后一个见到活渡渡鸟的人。渡渡鸟由于翅膀退化已不能飞行，虽然它们没有天敌也没必要飞，但是它们平静的生活并没有持续下去，被毛里求斯的殖民化打破了。不能飞的渡渡鸟成了水手和殖民者唾手可得的美食，到 17 世纪末，渡渡鸟被活活吃成了灭绝物种。如今，渡渡鸟成了最具标志性的灭绝物种之一，因为它的灭绝解释了自新石器时代以来，人类的出现是如何改变自然环境并导致大量物种消失的。

毕竟，之前没有人见过这样的生物。

宫廷动物标本剥制师一边望着骨头，一边琢磨，

试图凭借他们浅薄的古生物学知识，把骨头拼到一起……

大地懒

Megatherium americanum

（居维叶，1796）[1]

在马德里的国家自然科学博物馆，我们第一次见到了这只巨兽。在那里，我们第一次看到了大地懒的标本，它的骨骼化石是在布宜诺斯艾利斯被发现的。

1787 年，大地懒的部分化石得以重见天日，一开始有人认为是巨人的骨头。这些化石有的被摧毁了，有的留存了下来，阿根廷当局决定派牧师曼纽尔·德·托雷斯（Manuel de Torres）挖掘剩余的遗骨。挖掘出的巨型遗骨绝对是一件科学珍品，古生物学家和艺术收

---

[1] 乔治·居维叶 1796 年为大地懒命名。

藏家都非常喜欢。"卢汉河巨怪"是它的第一个名字，毫无疑问，它是送给西班牙国王卡洛斯三世的完美礼物。化石被分装成七份，然后一起送往位于马德里的西班牙皇家自然科学院，但如何把这些骨头拼在一起是个难题。

毕竟，之前没有人见过这样的生物。宫廷动物标本剥制师一边望着骨头，一边琢磨，试图凭借他们浅薄的古生物学知识把骨头拼到一起，西班牙国王卡洛斯三世则在一旁不耐烦地看着。

"我知道了！这是一只巨型狮子！"他们看到那又弯又尖的爪子叫了起来；到了第二天，他们分析完了牙齿，又得出了一个新结论："这是一头奇怪的大象。"它到底是食肉动物还是食草动物，是猫科动物还是象科动物？又过了几年，解剖学家乔治·居维叶才通过相关科学描述和解剖学，得知其真实身份，并将这巨大骨架的所属之物命名为"美洲大地懒"。他把这一发现写在信中，从巴黎寄给卡洛斯三世。卡洛斯三世得知后又给拉普拉塔总督写信，试图在南美洲找到一只活物来弄清楚真相。

"用尽一切办法，给我在卢汉或你所辖其他地区，找到一只活着的大地懒。即使是小只的也可以，只要是这个大块头的同类就行。如果可能的话，把它活着送到这里来。"

他们找到了吗？找到了，但不是活的。这次前往阿根廷的大地懒寻觅之旅，和达尔文1832年那次去蓬塔阿尔塔[2]的结果一样，都只找到了大地懒的骨骼化石：一种站立时高达5米的巨型动物。

如今我们知道，大地懒是在8000～10000年前灭绝的。但当科学家去亚马孙地区做研究的时候，发现当地原住民提到了一种动物，他们称之为"Mapinguari"或"Curupira"。当地原住民称亲眼见过这种动物，甚至还猎杀过它们。这是一种非常大的动物，覆盖着厚厚的皮毛，它们发出的吼叫声能穿透最茂密的丛林，身上散发出一种强烈的气味。难道它们就是幸存的大地懒？在探索非洲大陆之前，没人相信有活着的獾狮狓；同理，我们在本书中将不做任何预设，继续寻找大地懒还活着的证据，不仅是寻找化石，而是寻找一切细节，看这到底是不是传说而已。

---

[2] 阿根廷城市。

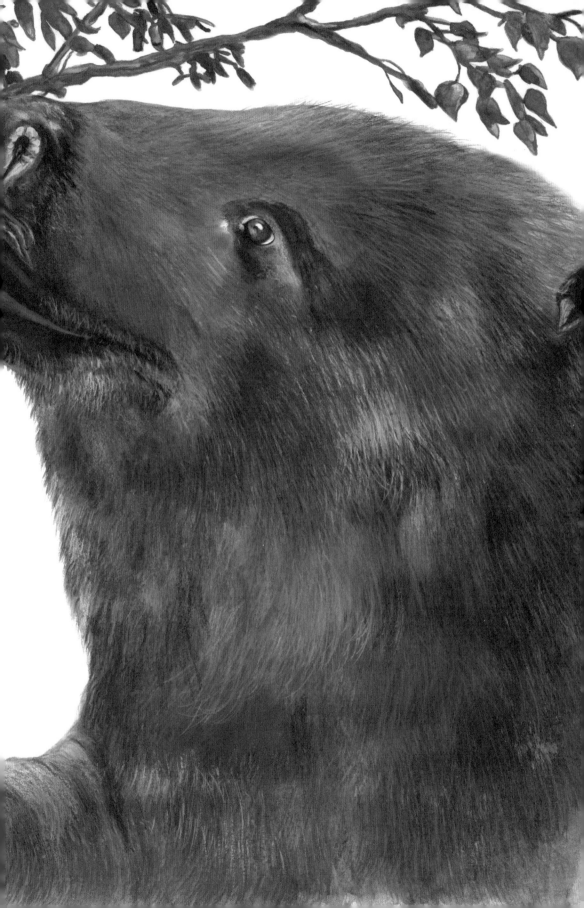

这是最早发现的企鹅，
也是唯一一种在很长时间内
全称叫"Pen Gwin（white head）"的企鹅，
"白头"指的是它头上的两个白色斑块。

大海雀

Pinguinus impennis

（林奈，1758）[1]

---

[1]1758 年，林奈为大海雀命名。

如今，我们叫它大海雀，因为它曾是海雀中体形最大的，高1米，重5千克。有些人甚至称它为岩石秃鹫（Vulture Rocks），但纯粹是因为翻译得比较糟糕。

曾经，大海雀数量很多，分布范围很广，在大西洋海岸、格陵兰岛、冰岛和斯堪的纳维亚半岛都能找到它们的踪影，有些还出现在地中海地区西部。维京人观察到这种健硕的鸟并不会飞，更擅长在水中行动，潜水速度极快，下水后用那长矛般的尖喙捕鱼，于是给这种鸟起了一个更接地气的名字：长矛鸟（"Geirfugl"或"Gareful"）。

第1章 灭绝生物

在当时，水手和极地探险家把遇到的所有不会飞的鸟统称为"企鹅"，在更早之前，他们甚至连名字都懒得起，索性把这些不会飞的鸟都称作"笨鸭子"，还好大海雀逃过一劫，起码有个专业的名字。但这又有什么意义，它们最终还是逃不过人类的贪婪。听说大海雀一生只会在海滩或悬崖上产一个蛋，其味甚美。肉和羽毛，是大海雀身上最有价值的东西，也是它们灭亡的缘由。

很快，大海雀的生存处境急转直下，当时，冰岛为数不多的几个角落成了它们最后的避难所。其中一个避难所在一座岛上，数百只大海雀聚集在一起，岛上有人照顾它们，准确来说这些人是饲养员，因为这些人还是会捕杀它们，只不过是可持续地捕杀而已。这座岛屿被命名为"大海雀岛"（Geirfuglasker），是大海雀的理想堡垒。但即便是堡垒也有被攻破的一天，拿破仑战争带来了饥荒，可持续变成了不可持续。1830年，一场地震彻底摧毁了大海雀最后的家园。大海雀不得不迁徙，也失去了"照顾"它们的人。由于大海雀的数量急剧下降，其价值变得越来越高，欧洲的收藏家甚至愿意为了得到它们的皮毛和标本支付天价。

最后一对大海雀被两个为了得到它们羽毛和身体的冰岛人捕杀了，他们只是为了用大海雀的羽毛，去换取一个丹麦收藏家的一百克朗。据说，1852年有人在特拉诺瓦[2]发现了一只活的大海雀，之后便再也没人见过活的大海雀了。

---

[2] 特拉诺瓦国家公园位于加拿大纽芬兰与拉布拉多东海岸。

众所周知，
现实往往比电影更精彩。
2000万年前，
巨型鲨鱼真的存在！

巨齿鲨

Carcharodon megalodon

（阿加西，1843）[1]

[1] 路易斯·阿加西（Louis Agassiz，1807—1873年），瑞士古生物学家，19世纪较有影响力的自然科学家，近代冰川学说奠基人。1843年为巨齿鲨命名。

第1章 灭绝生物

要说一个电影史上最著名的宣传策略，那必须提到《大白鲨》的宣传海报。

巨大的鲨鱼从海底深处钻出，张开血盆大口，靠近一个毫无防备的游泳者。在这张宣传海报上，虽说为了让电影更具戏剧效果，大白鲨的比例被放大了，但真实的大白鲨的体形也不可小觑，它们身长6米，有着锯齿般的尖牙，每颗牙至少有7厘米长。它们是高效的捕食者，有着极其发达的感受器，可以精准定位猎物的位置。

拍完《大白鲨》后，导演史蒂文·斯皮尔伯格又重返怪兽世界。在《侏罗纪公园》第三部[2]中，让观众看到了一场跨越时空的战斗——霸王龙大战棘龙。既然如此，为什么不再来另一场史前巨兽的决斗，让20世纪70年代的大白鲨重新登场呢？于是我们也可以想象下面的场景：

作为已知的唯一具有游泳能力的恐龙——棘龙在水中翻腾寻找大鱼；与此同时，在水下，一条鲨鱼正在深处潜行（背景音乐响起，用约翰·威廉姆斯的《大白鲨》配乐）。这条鲨鱼的大小几乎和它的猎物一样庞大，准备撕开"大蜥蜴"[3]的皮肉。

众所周知，现实往往比电影更精彩。2000万年前，巨型鲨鱼真的存在！巨齿鲨，一种"可爱的小鱼"，身长仅有18米而已，一点没有夸张。就拿它的牙齿来说，跟我们用的镇纸差不多大：长16厘米，宽13厘米。它的大嘴可以塞下一个站立的人。如此让人印象深刻的史前巨兽，谁不想坐着威尔斯的时间机器[4]去看一看呢？早在260万年前，巨齿鲨就灭绝了，是气候变化导致海洋温度升高所致。最近，一些传闻的出现，让它从古生物学的沉寂中苏醒了过来。

冲浪爱好者和鲨鱼偶遇的事见怪不怪，但在南非和澳大利亚，一个都市传说流传开来：人们声称看到了比大白鲨还要大的鲨鱼。但传说总归只是传说：我们经常会听到某个渔民声称钓到了一条巨大的鲑鱼，其实那只是一条中等大小的鲑鱼；又或者一个潜水员声称看到了一条4米长的蓝鲨，而实际上它只有1.5米长。这些传说出现的原因可能是当我们身处神秘的海洋时，特别容易被激发起丰富的想象力，创造出并不存在的海怪。与传说相反，科学家们认为不可能还有活着的巨齿鲨，因为科学需要证据，而目前我们还没有。

---

[2]《侏罗纪公园》第三部的导演实际是乔·庄斯顿，原著有误，特此更正。

[3] 棘龙，又称异齿兽、异齿龙，因其外貌像一只大蜥蜴得此戏称。

[4] 此处指英国作家赫伯特·乔治·威尔斯1895年创作的中篇小说《时间机器》中的情节，该书讲述了时间旅行者发明了一种机器，能够任意驰骋于过去和未来的故事。

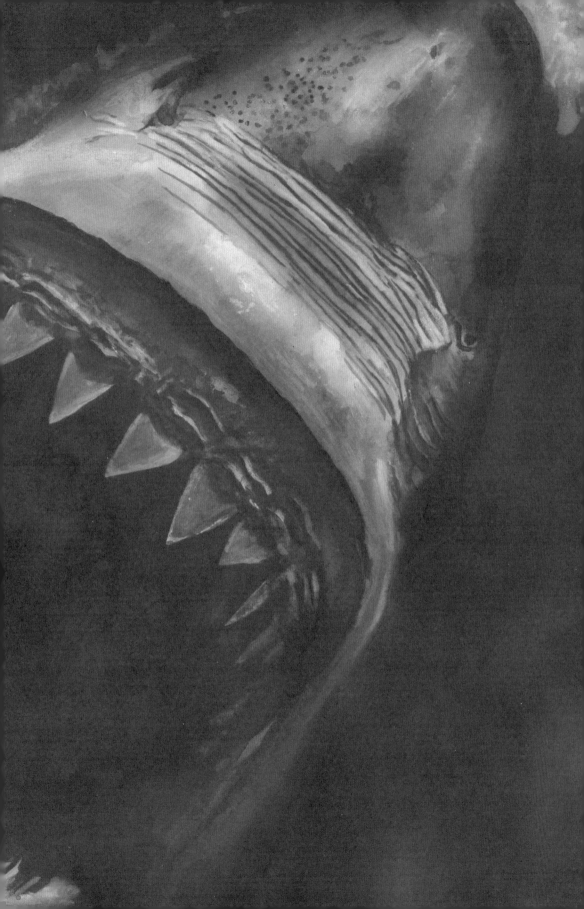

也门瞪羚，

又叫示巴女王瞪羚，

后一称呼拥有着

和示巴王国一样的神秘感。

也门瞪羚

Gazella bilkis

(格罗夫斯&莱，1985)[1]

前伊斯兰时期的阿拉伯王国示巴[2]，其领土延伸至现在的也门共和国境内，所以在1951 年发现的瞪羚新种有两个名字：也门瞪羚和示巴女王瞪羚。后一称呼拥有着和示巴王国一样的神秘感。但也门瞪羚的外形并不神秘：它们体形小巧，小短腿，犄角很短且有一

---

[1] 科林·彼得·格罗夫斯（Colin Peter Groves，1942—2017 年），澳大利亚人类学家和动物学家。道格拉斯·莱（Douglas M.Lay），美国哺乳动物学家。1985 年，两人共同为新发现的物种也门瞪羚命名。

[2] 示巴，指在《旧约圣经》和《古兰经》中提到的一个位于阿拉伯半岛南部的王国，也译作赛伯邑王国，建立于公元前 750 年至公元前 115 年。

第1章 灭绝生物

定弧度，角的末端向上翘。有5只也门瞪羚的标本发现于塔伊兹市[3]附近，靠近红海上的摩卡港口。这是一个多雨，适合种植咖啡、棉花和阿拉伯茶的好地方。也门瞪羚生活在海拔 1230～2150 米的高原和浅林中，远离人类的耕地和小径，独自或三头成群地生活。

这5只瞪羚标本最后被送到了芝加哥的自然历史博物馆，不过直到1985年，动物学家科林·彼得·格罗夫斯在研究过也门北部发现的动物皮后，才确定这些瞪羚属于一个新物种。

问题是，除了这5只也门瞪羚的标本，后来鲜有人见过活的也门瞪羚了。1985年，有人在卡塔尔拍到了也门瞪羚的几张照片作为私人收藏。自此以后很长一段时间，都没有人再看到过也门瞪羚。1992年，一支探险队前往当地寻找它们，依旧一无所获。1999年，该物种被宣布灭绝[4]。

然而到了2008年，美国自然历史博物馆在发布分类学评估时，认为该物种和现有物种存在冲突，所以并不确定也门瞪羚是一个有效物种。自此，没有人能准确地解释也门瞪羚是哪一种瞪羚。尽管一些专家认为它是阿拉伯瞪羚的亚种，但也有人认为它与格兰特瞪羚有关系，而对于格兰特瞪羚，又有人认为它是山瞪羚的亚种……

从科学上讲，关于瞪羚的分类目前还不够明确。但可以肯定的是，30多年来我们再也没有找到过活着的也门瞪羚，只知道它和神秘的示巴女王有着千丝万缕的联系。那位女王在沙漠里统治着一个文明，疆域覆盖非洲之角[5]及阿拉伯南部地区。那里的人崇拜太阳、月亮和星星，还有着数十万甚至数百万只瞪羚。不管是什么瞪羚，姑且还是称它们为也门瞪羚吧。

[3] 塔伊兹市，也门高原地区的一座城市，位于也门西南端，著名的红海港口摩卡附近。它是也门塔伊兹省的省会，也是也门仅次于首都萨那和南部港口亚丁的第三大城市。

[4] 根据世界自然保护联盟濒危物种红色名录的数据，也门瞪羚最早于2000年被宣布灭绝。

[5] 非洲之角，位于非洲东北部的半岛，地处亚丁湾南岸，向东伸入阿拉伯海数百千米，与也门遥相呼应。

它们的剪影经常出现在一些标志上，

比如19世纪国际博览会的会标，

多年来也一直是新西兰国家橄榄球队（All Blacks）的象征。

但为何到了20世纪，它们却突然从大众的集体印象中消失了呢？

恐 鸟

Dinornis

（欧文，1843）[1]

---

[1] 理查德·欧文（Richard Owen，1804—1892 年），英国动物学家、古生物学家，是最早研究恐龙的主要学者之一，也是"恐龙"（dinosaur）一词的创造者。1843 年，为恐鸟命名。

在环太平洋火山带的南角，有一个古老的鸟之国：新西兰。在这个国家的岛屿上有着数量惊人的鸟类，其中许多不会飞，比如新西兰黑秧鸡、高脚鹬、鸮鹦鹉和几维鸟。根据达尔文的理论，这些鸟放弃飞行也许是为了避免被席卷岛屿的强风吹走，加之岛上没有捕食者，也没必要飞，所以它们没了翅膀。这些鸟跑得飞快，个头很小，知道躲在哪儿安全。但另一种没翅膀的鸟就没那么幸运了，这是一种跟恐龙有几分相似、3米多高的鸟：恐鸟。

在新西兰，有成千上万的恐鸟化石分布在各地，有关恐鸟的文化随处可见。奥塔哥地区的一座"鬼城"[2]就是以恐鸟命名的，还有一款啤酒也叫"恐鸟"。它们的剪影经常出现在一些标志上，比如19世纪国际博览会的会标，多年来也一直是新西兰国家橄榄球队（All Blacks）的象征。但为何到了20世纪，它们却突然从大众的集体印象中消失了呢？

"它只是食物而已。"毛利人回答道，毛利人在消灭恐鸟时可以说是毫无敬意。因为在毛利人身上，我们可以找到各种动物文身（这对他们来说表示一种敬意）——从天上飞的布谷鸟到海里游的鲸鱼都有，唯独没有恐鸟。

"难道你想在身上纹一只鸡或羊？"波利尼西亚人[3]坚持道。对于他们来说，要捕杀一只恐鸟，得先用绳子套住这个大家伙的一条腿，然后拽扯它，把它拉倒在地，再用长矛给它致命一击。除了技术，这与捕杀其他牲畜，并无太大差别。

到此进行殖民活动的欧洲人也认为这种"大鸡"毫无价值，甚至有点令人讨厌。殖民者更喜欢那些从欧洲引进的动物——说得直白点就是入侵物种。他们相信当地的传说，认

---

[2] 奥塔哥，位于新西兰南岛东南部，是该国第二大地区。当地的部分地区完整保存了19世纪的古建筑，但因人烟稀少，颇为神秘，便有了"鬼城"之称。

[3] 波利尼西亚人，居住在大洋洲东部波利尼西亚群岛上的民族群体，包括毛利人、萨摩亚人、汤加人、图瓦卢人、夏威夷人等10多个支系。

为那些恐鸟都是可怕的动物，平时以小孩为食。事实上，恐鸟是食草动物，虽然偶尔也会"开个荤"，但只是吃青蛙或蛇之类的动物。

不过，现在的新西兰人已经不再认为恐鸟只是一种放大版的鸡了。这种过时的观点在年轻一代的眼里看来是没有道理的，这多亏了他们的国家历史课程，使得他们对自己国家未曾解释和研究过的东西更感兴趣，恐鸟就是其中之一。现在，经过年轻一代学者的研究，我们已经知道：恐鸟不止 1 种，而是 9 种；新西兰坎特伯雷的金字塔谷是目前发现的恐鸟化石保存最完好的地方；哈斯特巨鹰是恐鸟的唯一天敌，不过 400 年前恐鸟灭绝后，它们也很快灭绝了；最后一只恐鸟死在菲奥德兰地区（位于新西兰南岛西南角）。但是，也还有人认为依旧有恐鸟活在岛上，因为对于他们来说，恐鸟不只是一种动物，也是一种想要复兴的精神文明。

从保存下来的化石中可以发现，
我们想找的古大狐猴的体形和
雄性大猩猩相当。

古大狐猴

Archaeoindris fontoynonti

（斯坦丁，1909）[1]

　　电影《马达加斯加》的上映，让一种原本没什么人知道的动物——狐猴，走进了大众的视野。但很多人都搞不清楚狐猴究竟是什么动物：是大号的松鼠，还是长着细长腿的猫鼬？其实都不是，它们属于灵长类动物。大概是鼻子很长的缘故，狐猴看起来很原始，尽管它们跟我们生活在一个年代，但从解剖学角度看来，它们的整体结构和6500万年前的原始灵长类动物颇为类似。为什么跨越了那么长时间，狐猴的变化却如此之小？因为它们一直居住在与世隔绝的森林里，生活得好好的，没必要改变什么。但为什么后来还是发生了一些改变呢？因为它们这种舒适的生活被智人的出现打破了。不管什么种类的狐猴，都只能在

---

[1] 赫伯特·F. 斯坦丁（Herbert F. Standing，1857—1943年），英国古生物学家、马达加斯加贵格会医学传教士。1909年，为古大狐猴命名。

马达加斯加岛上找到。但马达加斯加岛上狐猴的多样性已经明显下滑，而且大多数种类的狐猴数量已经处于濒危状态。有些种类的狐猴早在人类刚登陆这座岛屿的时候就已灭绝，古大狐猴就是其中之一。

在马达加斯加实地调研时，我们一边观察有着黑白相间颜色尾巴的环尾狐猴和喜欢跳跃的冕狐猴，一边向当地的护林员和自然向导咨询有关古大狐猴的信息，但得到的答案都是重复的：大家要么说它是森林的幽灵，要么说它是马达加斯加大狐猴。马达加斯加大狐猴是世界上最大的狐猴，贝齐米萨拉卡人[2]认为它们是人类的祖先。一身黑白毛皮的马达加斯加大狐猴，会时不时滑稽地翻个跟斗，让人觉得它像是哈罗德百货公司[3]在圣诞季卖的毛绒玩具。虽然马达加斯加大狐猴个头很大，身长达70厘米，但它并不是我们的目标——古大狐猴。从保存下来的化石中可以发现，我们想找的古大狐猴的体形和雄性大猩猩相当。很明显，古大狐猴比它现存的"亲戚们"笨重得多。

虽然在前往马达加斯加的途中，我们有听闻一些农民和牧场主遭遇形似古大狐猴这个大家伙的故事，但事实是早在2000多年前，古大狐猴就被猎杀灭绝了。我们到了马达加斯加后，发现那些拉努马法纳国家公园和伊萨洛国家公园的导游在讲述古大狐猴的知识时，总会以马达加斯加大狐猴作为结尾。

在马达加斯加调研了一段时间后，我们决定如果再找不到古大狐猴的相关资料，就离开这座岛屿。幸运的是，在此之前我们去了一趟阿纳拉马扎卓保护区[4]，找到了一点线索。阿纳拉马扎卓保护区，仿佛一个失落的世界。我们向当地工作人员再次问起古大狐猴时，他告诉我们："对，我了解这种动物。我的爷爷和村民以前还捕猎过它们。法国人把铁路修到这边后，就再也看不到古大狐猴了。不仅如此，法国人还一边修铁路，一边砍伐森林，把木头当作火车燃料，还把森林也砍没了。"森林的大火和呼啸的火车带走了古大狐猴，只留下了20世纪铺砌的铁轨。假如没有那一切，也许古大狐猴可以活下来。至今还活着的马达加斯加大狐猴，只能给它们已灭绝的兄弟献上幽灵般的哀嚎。

---

[2] 贝齐米萨拉卡人，分布在马达加斯加岛中东部与东北部的马达加斯加人，使用西澳大利亚语（一种马达加斯加方言）。

[3] 哈罗德百货公司，位于英国伦敦骑士桥，世界上最有名的百货公司之一。

[4] 阿纳拉马扎卓保护区，位于马达加斯加首都塔那那利佛以东140千米处，是一座专供狐猴栖息的孤岛，其上生活着多种狐猴。

在加拉帕戈斯群岛上，

几乎所有生物物种，

不管植物还是动物，

都不是群岛出现之初就有的，

都是外来的，包括人类。

平塔岛象龟

Chelonoidis abingdonii

（甘瑟，1877）[1]

在加拉帕戈斯群岛[2]，有一个不得不提的标志：孤独乔治——一只雄性平塔岛象龟。在这座岛上有诸多带平塔岛象龟的标志，比如当地国家公园的标志上有两个动物，一个是双髻鲨，另外一个就是平塔岛象龟。同时，岛上的查尔斯·达尔文科学站也有这只龟的标志。除此以外，在阿约拉港上还有属于它们的代表——孤独乔治的纪念碑，到处都可以看到印

---

[1] 阿尔伯特·甘瑟（Albert Günther，1830—1914年），在德国出生的英国动物学家、鱼类学家和爬行动物学家。1877年，正式为平塔岛象龟命名。

[2] 加拉帕戈斯群岛，通常称作科隆群岛，隶属厄瓜多尔，位于南美大陆西面的太平洋上，面积7500多平方千米，由海底火山喷发的熔岩凝固而成的13座小岛和19个岩礁组成。岛上现存多种罕见的动物、珍稀植物。著名生物学家达尔文1835年曾到此考察，促使他后来提出了生物进化论。

有它形象的 T 恤和木雕，当年它甚至还上了头条新闻……2017 年，乔治的尸体经过防腐处理后，被厄瓜多尔政府宣布为国家文化遗产。

2012 年，最后一只平塔岛象龟——乔治去世了。在此之前，科学家还试图让它和基因相近的雌性加拉帕戈斯象龟交配，但并没有成功。当时还有媒体刊登了一幅漫画，主题大概是为了让平塔岛象龟得以繁衍，还找了一位人类行为学家去教乔治如何交配，但没什么用，乔治依旧对交配没有兴趣。另有一则谣言说，当年海啸袭岛时，乔治被人们疏散到了岛上的高处。

乔治活着的时候，是当地动物保护大使的形象之一，它去世之后，依然发挥着巨大的作用，因为它无时无刻不在提醒我们，人类到底应该在地球上扮演什么样的角色。在此之前，不管是海盗、捕鲸者、探险家，还是第一批加拉帕戈斯岛的殖民者，都将加拉帕戈斯群岛上的象龟视为优质蛋白质的来源。岛上数万只象龟，无论哪一种（不同岛屿形成生殖隔离，有不同的亚种），都遭到了人类的捕杀，无一例外。而这些外来者带上岛的动物，比如老鼠、狗、猪、小山羊和驴子，会把象龟埋在巢穴里的蛋吃掉，这也将象龟族群推向了深渊。

乔治去世时，让不少人感到奇怪的是，原本生活在平塔岛上的它，最后却是在另一座与之距离较远的圣克鲁斯岛上去世的。

加拉帕戈斯群岛因火山活动出现在地球上，诞生的时间并不长。这引起了年轻的达尔文的注意，1835 年他乘坐"小猎犬"号军舰来到群岛上。在加拉帕戈斯群岛上，几乎所有生物物种，不管是植物还是动物，都不是群岛出现之初就有的，都是外来的，包括人类。岛上曾经有一位享年 80 多岁的公园管理员，专门负责照看乔治，名叫福斯托·莱雷纳（Fausto Llerena），和乔治的祖先一样，这位管理员也是很早以前从厄瓜多尔火山带地区搬迁过来的。

福斯托刚来那会儿，还只是一个农民。1972 年，当地科学家在科考中发现了乔治后，福斯托的命运也发生了改变。发现乔治的博物学家把它送到了圣克鲁斯岛，希望能保护这一濒危物种。

象龟的寿命很长，所以在乔治孤独且漫长的最后岁月里，科学家一直在寻找那些可能从平塔岛被带走的雌性象龟——不管是被养在动物园里的，还是被养在家里当宠物的，只要能跟乔治交配的就行。但凡事不是努力就一定有好结果，作为乔治的管理员，福斯托一当就是 40 多年。每次我们到国家公园里见到福斯托时，乔治一般都在旁边，像长颈鹿那样伸长脖子找食吃，这时福斯托就会说："我们是朋友……他知道我是谁。"

　　"孤独乔治"家族灭绝的故事引起了人们的注意，让大家关注起了当地的生态，关于象龟的科学发现也多了起来，科学家们在加拉帕戈斯群岛上发现了几种新的象龟（亚种）。往好的方面想，至少平塔岛象龟被人记住了。也有遗传学家认为，在伊莎贝拉岛的偏远地区，很可能存活着一些未被发现的平塔岛象龟。根据是，很久以前水手们捕获平塔岛象龟后，会把它们留在货舱里作为食物（象龟可以在没有食物和水的情况下生存好几个月）。也许在无意中，水手们把平塔岛象龟带到了伊莎贝拉岛的周围。毕竟，在加拉帕戈斯群岛上，没有一个物种是"土生土长"的。

至今当地还流传着他们的故事，
说这些矮小的人类
在晚上会到村子里偷食物。

佛罗勒斯人

Homo floresiensis

（布朗等，2004）[1]

　　1974 年，人类考古学上的标志性化石——埃塞俄比亚的"露西"（Lucy）[2] 被发现。然而，她并不是我们真正的祖母。随着研究的深入，人类的谱系树出现各种分支，现在我们发现了更古老的人类化石，例如图根原人化石，可以追溯到 600 万年前。而且总会有新的考古发现，不断冲击着现有的研究理论，这让我们不得不重新思考人类的演化问题。

　　[1]2004 年，皮特·布朗（P.Brown）、T. 苏蒂克纳（T.Suiikna）、乔丹·莫伍德（M.J.Morwood）等人在《自然》（Nature）上发表了题为《印度尼西亚佛罗勒斯晚更新世的一种新的小体形古人种》（A New Small-bodied Hominin from the Late Pleistocene of Flores, Indonesia）的论文，为佛罗勒斯人这一新发现的人种命名。

　　[2]"露西"骨骼化石是 1974 年在埃塞俄比亚发现的南方古猿阿法种的古人类化石的代称，是埃塞俄比亚国家博物馆的镇馆之宝。据考证，"露西"生活在 320 万年前，当时被认为是人类的最早祖先。

第1章 灭绝生物

在解释人类演化的概念时，人们通常会用到一张"人类进化图"，图中的几个古人类按照个子高矮从矮到高进行排序。这张图反复出现在各种书籍、T恤和广告中。按照图中的理论，我们人类是在不断"进化"的，是一个从原始进化到不原始的过程——变得越来越高，越来越不像猿，是一个线性的发展过程。但实际上，人类的演化并不是线性的，而是在系统演化树上不断出现分支。我们可以就目前的研究得知，生命并不是一直为了更高级而进化。该观点的论据之一，发现于印度尼西亚的佛罗勒斯岛。

2004年，印度尼西亚和澳大利亚的科学家发现了一种新的原始人类化石：佛罗勒斯人。他们只有约1米高，为了致敬托尔金的宇宙[3]，也被化名作"霍比特人"。单就这一人种来看，他们的身高其实并没有什么好奇怪的，但如果拿他们和非洲的另一个祖先匠人人种[4]相比，那就显得太矮了。虽说佛罗勒斯人并不是古人类里唯一的矮个子人种，"露西"所代表的阿法南方古猿、图根原人[5]都和佛罗勒斯人一样矮，但他们之间相隔了数百万年之久。而佛罗勒斯人生活的时间距离现代非常近，在10万~7.5万年前。那么，我们祖先的身高为什么忽高忽矮呢？

这肯定不是如一些批评者所说的因小头畸形病所致，他们的出现只能说明人类作为地球上的一个物种，其演化并不特殊。佛罗勒斯人之所以体形矮小，是因为他们和其他动物一样，也受到演化压力的影响。有一些物种之所以进化出较小体形，只是因为自然选择——小巧的体形更有利于生存在危机四伏的岛屿上，使它们更容易隐蔽自己，也可避免生下的幼崽被吃掉。比如，西西里岛的倭河马、卡普里岛的矮鹿[6]，以及佛罗勒斯岛的侏儒象等。它们都有矮化的特征：这是在食物匮乏时生存下去的完美进化策略。所以，我们有了"霍比特人"。

据科学家们估计，佛罗勒斯人的灭绝并不久远，至今当地还流传着他们的故事，说这

---

[3] 此处指英国作家约翰·罗纳德·瑞尔·托尔金（John Ronald Reuel Tolkien，1892—1973年）创作的经典奇幻作品《霍比特人》《魔戒》等。

[4] 匠人，人科已经灭绝的物种，生存于180万~130万年前的东非及南部非洲，据科学推算，匠人站立时高1.9米。

[5] 图根原人，又名千年人、千禧猿或土根猿，是已知最古老与人类有关的人族祖先。据考证，他们大约生活在600万年前。

[6] 成年倭河马体重约200千克，成年河马体重则达2000千克以上。矮鹿，即狍，是一种中小型鹿。

些矮小的人类在晚上会到村子里偷食物。这不正说明了佛罗勒斯人与第一批到达佛罗勒斯的智人是共存的吗？许多科学家对此深信不疑，有的甚至还在研究：是不是还有活着的佛罗勒斯人？

第2章　现存生物

丛林中的亚马孙河豚、沼泽中的鲸头鹳、

小岛上的白腹树袋鼠，

以及一种20世纪初在刚果发现的、

人们以为早已灭绝的、

被误传为独角兽的马科动物……

这些罕见的动物依旧还活着，

生活在偏僻而又理想的栖息地中。

这些动物虽然已经濒危，但它们已成为稀有的标志性物种，

被人们有意识地保护着。

身高6米多的网纹长颈鹿依旧在大草原上奔跑，三五成群的白色美洲野牛则生活在护林员和牧场主的保护下，而网络上还有人问鸭嘴兽是不是一种真实存在的动物……是的，地球上还有一些传奇且神秘的动物存活着，它们是真实的、另类的，就像黛安·弗西（Dian Fossey）[1]和乔迪·萨巴特·皮（Jordi Sabater Pi）[2]研究过的山地大猩猩。如果我们学会尊重它们的生存空间，就可以安全地接触它们。

---

[1] 戴安·弗西（1932—1985年），美国灵长类动物学家、自然保育家，曾在卢旺达研究山地大猩猩种群18年，1985年在研究营地被杀害，至今尚未结案。她和研究黑猩猩的珍·古道尔（Jane Goodall）、研究红毛猩猩的比鲁特·加尔迪卡斯（Birute Galdikas）合称灵长类"女中三杰"。

[2] 乔迪·萨巴特·皮（1922—2009年），西班牙灵长类动物学家，是西班牙动物行为学和灵长类动物学研究的先驱。

"就这？长颈鹿有什么看头？"
工业化社会的智人常常不懂得珍惜
他们现在所拥有的，
总是渴望他们所没有的。

网纹长颈鹿

Giraffa reticulata

(德·温顿，1899) [1]

我第一次去非洲，还是20多年前。在肯尼亚和坦桑尼亚边境的纳曼加附近，司机指着左边说："Twiga，Twiga。"这是斯瓦希里语 [2]，我们听不懂他说的是什么。当车子开到一对巨大的膝盖跟前——车子与这对膝盖只有几厘米的距离，我们才知道司机说的是什么。我们甚至不需要把头伸出窗外看，就知道这是一头长颈鹿。几天后，我们在伦盖火山 [3] 附

---

[1] 威廉·爱德华·德·温顿（William Edward de Winton，1856—1922年），英国动物学家，发现了许多未被描述过的仓鼠科动物。1899年为网纹长颈鹿命名。

[2] 斯瓦希里语，是非洲语言中使用人数最多的语言之一，与阿拉伯语、豪萨语并列非洲三大语言。

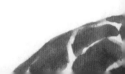

近又看到了这种动物，但这次是成群的。无须多言，这是自然史上最稀有、最美丽的动物之一。它们特有的奇怪奔跑方式，看起来就像慢动作一样，给人一种很催眠的感觉，这是一种不可思议的"长腿舞蹈"，以协调平衡它们的长脖子，让它们能够吃到高高的金合欢树的叶子。

也许有人会说："就这？长颈鹿有什么看头？"工业化社会的智人常常不懂得珍惜他们现在所拥有的，总是渴望他们所没有的。在参观巴黎的古生物学与比较解剖学画廊时，我们就注意到，挤在猛犸象标本周围的人很多，因为猛犸象属于遥不可及的过去，而长颈鹿标本的周围却没什么人。也许是因为我们在自然保护区、动物园或纪录片里见过太多长颈鹿了，假如长颈鹿是一种已经灭绝的动物，我们还会这样吗？如果真是这样，我相信大家一定会非常在意它们高大的化石标本，还会问一些难以解答的问题：为什么它会有这么长的脖子？它身上有很多斑纹吗？……

珍惜我们现在所拥有的，别等到失去才知道可贵。还能看到活着的长颈鹿，是我们的荣幸。然而，这种"荣幸"也许持续不了多久。如今，在东非的大草原和森林里，我们看到的最多的长颈鹿物种名为马赛长颈鹿，它们身上的黑褐色花斑纹就像黑涂料在黄白相间的体表炸开一样。而最被我们熟知的长颈鹿物种，那种经常被用于制作成标本、毛绒玩具和出现在儿童故事书里的长颈鹿，是马赛长颈鹿的亲戚：网纹长颈鹿。它们和努比亚长颈鹿一样，已经濒临灭绝。如果在不久的将来，我们的后代只能通过观看用长颈鹿的皮肤和骨骼制成的标本来想象这些 6 米多高的生物是如何奔跑的，那是一件多么悲哀的事。

---

3 伦盖火山，地处坦桑尼亚北部、纳特龙湖南端，是东非大裂谷的火山之一，海拔 2878 米，是世界上唯一会喷发碳酸盐的活火山，在马赛语中，意为"神山"。

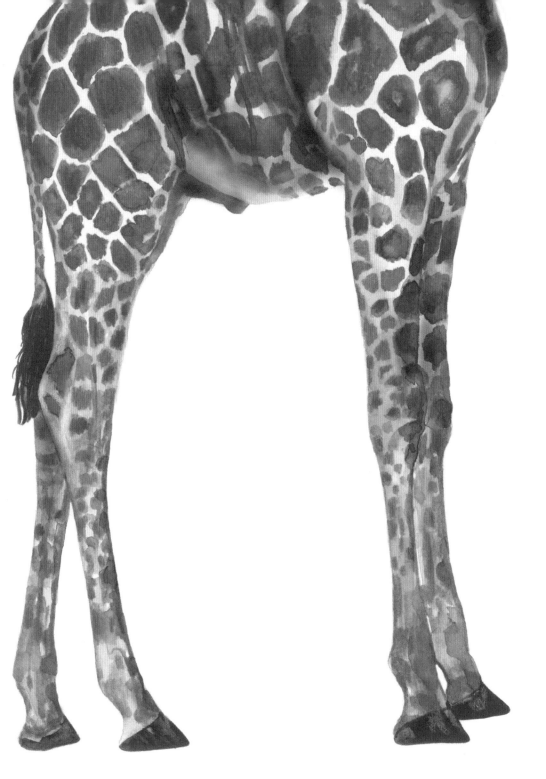

是珍宝还是怪物?
1798年，西方博物学家第一次收到
从澳大利亚寄来的鸭嘴兽标本时，
都觉得是假货。

鸭 嘴 兽

Ornithorhynchus anatinus

（肖，1799）[1]

那天晚上，我们看到一只鸭子从河面上探出嘴来。不，那是一只河狸，因为它长着河狸的尾巴。也不是，因为它长着水獭的腿……想要在沙丘上分辨出爬行的鸭嘴兽可不是件容易的事。尽管鸭嘴兽会下蛋，有脊椎动物非典型的骨头，有某些爬行动物的特征，喙尖上还有两个鼻孔，可以闻到水下的气味，但它最终却被归为哺乳动物。

是珍宝还是怪物？1798 年，西方博物学家第一次收到从澳大利亚寄来的鸭嘴兽标本时，都觉得是假货。他们认为这是一种用不同动物的躯干拼贴出来的野兽标本，一种弗兰

---
[1] 乔治·凯尔斯利·肖（George Kearsley Shaw，1751—1813 年），英国动物学家、植物学家，最早检验鸭嘴兽标本的科学家，1799 年发表了关于鸭嘴兽的第一份科学描述。

肯斯坦动物[2]。

　　由于鸭嘴兽习性不定，昼伏夜出，而且分布范围很不规律，所以想要深入研究它们并不容易。但不久后科学家就发现它们是一种食肉动物，以蚯蚓、昆虫、对虾或河蟹为食——那天晚上，我们看到的那只鸭嘴兽，喙里就衔着河蟹。鸭嘴兽可以捕捉到猎物，很可能是依靠它们那发达的电感受器，这种感受器能让它们探测到猎物肌肉收缩时产生的电场。鸭嘴兽就是这么神奇。它们有 10 条性染色体，而我们人类只有 2 条。在遗传学上，没有任何一种哺乳动物与我们的相似度如此之低。

　　那只正在啃食河蟹的鸭嘴兽，还会在它的颊囊中藏一点肉，就像仓鼠那样。这时一只猫头鹰袭击了鸭嘴兽，它及时躲开，潜入了水中。在黑暗的水中，鸭嘴兽一边用强有力的尾巴游动着，一边甩动着踝部的毒刺，这些毒刺可以随时刺向任何潜在的猎物，并注入它的毒液（鸭嘴兽还会用毒，真的很神奇！）。一只鸭嘴兽每天平均要花费约 12 小时在水中，而实际捕猎时间只有大约 4 小时，所以怎么吃都吃不饱。如果不是亲眼所见，的确很难相信世间存在着这么奇怪的一种动物。

---

　　[2] 弗兰肯斯坦，本指经典科幻小说《弗兰肯斯坦》的主人公，小说讲述了科学家弗兰肯斯坦利用自己的生物学知识，制造出一个类人生物的故事。后因其深刻寓意，成为经典文化符号。此处为作者化用。

首先要申明的是，

这不是一种神话动物。

只是它们生活在极深的海域里，

人类很难到达那里亲眼看到而已。

除非经费充足，

有机会搭乘先进的深海潜艇，

才有可能实现。

大王鱿

Architeuthis dux

（斯滕斯楚普，1857）[1]

在一次接受采访时，记者问我们有什么梦想还没实现。虽然地球大部分地区我们都有探索过，但你可能不相信，直到 21 世纪的今天，我们还在寻找一种尚未被了解的生物——大王鱿。如果有机会的话，我们希望能近距离接触这种巨型鱿鱼。

首先要申明的是，这不是一种神话动物。只是它们生活在极深的海域里，人类很难到达那里亲眼看到而已。除非经费充足，有机会搭乘先进的深海潜艇，才有可能实现。但即便有机会进行深海勘探，如果没有足够好的运气也无法遇到它们。美国海军中尉唐纳德·沃尔什（Donald Walsh）和瑞士著名深海探险家雅克·皮卡德（Jacques Piccard）驾驶

---

[1] 贾佩特斯·斯滕斯楚普（Japetus Steenstrup，1813—1897 年），丹麦生物学家，1857 年为大王鱿正式命名。

的深海潜艇"的里雅斯特"号（1960 年）、《泰坦尼克号》导演詹姆斯·卡梅隆（James Cameron）驾驶的"深海挑战者"号（2012 年）都曾下潜到近 11 千米深的海沟，但都没有拍到大王鱿的身影。那我们是怎么知道有这种生物存在的呢？

在位于纽约的美国自然历史博物馆的大厅里，有一具标本重现了大王鱿与它的天敌抹香鲸之间的战斗。战斗的证据来自在抹香鲸身上发现的伤疤，这些可怕的伤疤是由大王鱿 8 只腕足和 2 只锯齿状触腕（总长超过 12 米）上的强大吸盘造成的。这些触手既可以用于防御，也可以用于捕猎。

关于这种头足类动物的体形目前存在争议，有些人认为它们的身长是 15 米，有些人则认为它们至少有 21 米长。但可以肯定的是，它们是一种让人着迷的捕食者。它们的眼球（有

足球那么大）是生物学中已知的最大眼球，这使它们可以在深海中看清目标。

我们得以研究大王鱿的生理结构，归功于在抹香鲸的胃里发现的大王鱿遗骸。偶尔也有一些更完整的标本被发现，因为有时当它们死去或濒死之际，它们的尸体会浮出水面或漂到岸边。这些尸体被人发现后，会被保存在巨大的甲醛罐中，然后在一些地方的自然科学博物馆展出，比如在伦敦、马德里和布宜诺斯艾利斯都有它们的标本。

尽管如此，大王鱿对于大众来说依然遥不可及。在图书馆里，当我们询问有关巨型鱿鱼的资料时，管理员把我们带到了烹饪书籍区。但随着探索区域的扩大，我们正逐渐接近它们。2004年，日本人拍摄到了第一张活体大王鱿的照片。此后，越来越多的人拍到了它们，并提供了相当多的视频片段。尽管还没有人类零距离地接触过它们，但我们街区的鱼贩子仍会指着照片上的大王鱿说，它跟自个儿卖的鱿鱼很像。

在澳大利亚的西海岸，
有两座岛屿很好地诠释了
原住民和蓬毛兔袋鼠的相似命运。

蓬毛兔袋鼠

Lagorchestes hirsutus
（古尔德，1844）[1]

在澳大利亚的西海岸，有两座岛屿很好地诠释了原住民和蓬毛兔袋鼠（一种被称为"Mala"的红色兔袋鼠）的相似命运。18世纪，殖民者的到来让他们变成了同样的逃亡者：殖民者优雅地喝完茶就去猎杀原住民，而蓬毛兔袋鼠则不得不面对猎杀它们的入侵物种，比如狐狸和猫。

在这片土地上，约33%的哺乳动物要么已经灭绝，要么濒临灭绝。殖民带来的生态不平衡，进而引起的鼠疫，是物种濒危或灭绝的一个重要因素。短尾矮袋鼠、袋食蚁兽、兔

---

[1] 约翰·古尔德（John Gould，1804—1881年），英国鸟类学家，被誉为"澳大利亚鸟类研究之父"。1844年，首次在文献中描述了蓬毛兔袋鼠。

耳袋狸、蓬毛兔袋鼠等都属于濒危物种，但在当地被殖民前，蓬毛兔袋鼠在澳大利亚北部的沙漠和绿地地区都很常见；在殖民时期，它们则在煎锅里很常见。冬天，蓬毛兔袋鼠有时会跟着牲畜到牧羊人和农民的篝火旁寻找食物。必要的时候，它们还会跑到 240 多千米外的地方，去吃烧焦的鬣刺，然后在桉树和南方黄脂木（殖民者称之为"小土著"，因为这种植物看起来像一个原住民小孩手持长矛的样子）之间跳来跳去。

蓬毛兔袋鼠是澳大利亚内陆的"朝圣者"，它们时而跑到挂有"喝不喝啤酒"牌子的加油站旁，时而跑到提供烧烤袋鼠的餐馆附近。蓬毛兔袋鼠的绝望处境引起了自然保护者的注意，之后，为了保护这些濒临灭绝的本土物种，自然保护者将它们送到了保护区里，也就是本文开头提到的那两座岛屿。

多雷岛和伯尼尔岛，四面环绕的海水让其成为堡垒，澳大利亚西部 26 种濒危动物中，有 5 种生活在这两座岛上，比如儒艮和一些巨型陆龟就常在附近海域出没。这两座岛屿都禁止人们登陆参观，所以我们只能在船上用望远镜寻找蓬毛兔袋鼠的踪迹，当然有钱人还可以选择坐直升机参观。当我在灌木丛中寻找蓬毛兔袋鼠的踪迹时，不禁想起一段历史：在这些珍稀动物被送上岛之前，这两座岛曾是关押原住民的监狱，一座岛关押男人，一座岛关押女人。

"殖民时期的法律把我们和大陆分开了。"一位岛上的原住民同我说道。在殖民时期，原住民被殖民者驱逐出沿海地区，殖民者在沿海地区修建房子，以此控制海洋的运输权，方便进行黄金、铝土矿和煤炭的贸易。"现在澳大利亚政府承认了原住民的合法性，这不假。我们还保留了自己的语言，这也不假。但这不足以为荣，因为我们早已经忘记自己的根源，忘记了地球给予的一切，和其他地区的人一样，也许我们人类的衰落是必然的。"

翻山越岭，日夜捕猎，
只有厚厚的毛皮为自己遮风避雨。
狼，机敏且善于团队合作，
很久以前它们就把人类视为最大的敌人。

灰狼

Canis lupus

（林奈，1758）[1]

---

[1]1758 年，林奈为灰狼命名。

据统计，在加拿大有 6 万多只灰狼个体，而西班牙是欧洲狼最多的国家，有 300 多个狼群。尽管狼的数量看起来还挺多，但实际上想看到一只活狼并不容易。

在美国，狼群的数量已陷入危机，部分原因归咎于时任政府的不当政策。在这方面，黄石国家公园就是一个典型的反例。1925 年，在美国具有象征意义的黄石国家公园里，猎人的子弹、陷阱和毒药让公园里的狼完全消失。因为没有狼，麋鹿的数量翻了一番，打破了生态平衡。过度繁殖的麋鹿把公园里的植被吃了个遍。没有了植被，老鼠和兔子就没有了藏身之处，这就导致了它们的数量急剧下降。与此同时，蜜蜂和蜂鸟也没有蜜可采，灰熊没有浆果可吃。成千上万的麋鹿跑到河边饮水，吃岸边的嫩枝绿叶，这一串的连锁反应导致公园里的水獭、河狸、鱼类和两栖类动物的栖息地均被破坏。

意识到问题严重性的美国政府，于 1955 年在黄石国家公园重新引进了 31 只狼，希望借此恢复该地区的生态系统。在之后的几年，公园里麋鹿的数量开始逐渐减少，从 17000 只左右降到 4000 只左右，而熊、郊狼以及各类猛禽的数量也逐渐恢复，这些动物会吃狼群留下的腐食，让河流及周围环境变得干净，对生活在附近的人类也大有裨益。简而言之，狼的引进让当地生态恢复了平衡。

然而，如此明显的证据却没有阻止人类继续猎杀狼群。在阿拉斯加，有一个存活于东福克的狼群已经灭绝，因为时任共和党州长弗兰克·穆尔科斯基（Frank Murkowski）[2] 允许猎人坐着直升机来射杀它们（包括怀孕的母狼）。为什么允许猎杀狼群呢？因为通过狩猎每年可以给当地创造约 2000 个岗位，带来近 8000 万美元（约合 6 亿人民币）的财政收入。

翻山越岭，日夜捕猎，只有厚厚的毛皮为自己遮风避雨。狼，机敏且善于团队合作，很久以前它们就把人类视为最大的敌人，视为不可控的"野蛮物种"，能离人类有多远算多远。尽管狼一直都没有什么好名声，但狼的所作所为其实和人一样，都只是为了生存而已。比如那些生活在加拿大育空地区的狼，是世界上个头最大的狼，当有需要的时候，它们甚至会游泳捕食海洋里的猎物。

有意思的是，在西班牙，如果提到狼，大家总会联想到一个人：费利克斯·罗德里格斯·德拉富恩特（Félix Rodríguez de la Fuente）[3]。正是这位博物学家，改变了人们对狼的刻板印象，让大家知道狼的生态价值。

---

[2] 弗兰克·穆尔科斯基，美国政治家，于 2002—2006 年担任阿拉斯加州州长。

[3] 费利克斯·罗德里格斯·德拉富恩特，西班牙知名博物学家、环保主义者、纪录片制作人，在研究与狼共存方面贡献突出，为西班牙生态保护启蒙做出了巨大贡献。1980 年，在阿拉斯加航拍时，因飞机坠毁遇难。

那天，我们在布温迪见到了银背大猩猩，
当时一些未成年的大猩猩正在一棵榕树上吃果子，
而成年雌性大猩猩陪伴在它们身边，
一只成年雄性大猩猩四肢着地朝我们走了过来。

大猩猩

Gorilla

（圣–希莱尔，1852）[1]

在乌干达布温迪国家公园[2]里，我们正在"不可穿越"的丛林里前行——确切地说，我们不是在走路前行，而是在飘浮前行。好几小时，我们的脚一直踩在厚实的、富有弹性的植被上，地面上树叶、树枝、树根盘织交错，我们完全不知道双脚什么时候会触地，也不知道会不会掉进植物的陷阱里。布温迪是一个特别的世界，这里有巨大的无脊椎动物，让人不禁联想到电影《哥斯拉》中的怪兽，而茂密如树的蕨类植物，宛如中新世的活化石景观。说到中新世，那时欧洲还有灵长类动物，其物种丰富程度同现在的布温迪有得一比。现在，我们正在布温迪国家公园里寻找一种大型非洲类人猿：大猩猩。

当我们在森林里第一次发现大猩猩的窝（树枝和树叶缠绕在一起的床）和新鲜粪便时，

---

[1] 伊西多尔·圣–希莱尔（Étienne Geoffroy Saint-Hilaire，1772—1844 年），法国博物学家。1852 年，正式发表对大猩猩的科学描述。

[2] 布温迪国家公园位于乌干达西南部。1994 年，被联合国教科文组织列入《世界遗产名录》，是非洲生物多样性最丰富的原始森林之一，也是享誉世界的山地大猩猩保护区。

并没有被吓到。因为在此之前我们接受了加泰罗尼亚灵长类动物学家和博物学家乔迪·萨巴特·皮的指导，还听过山地大猩猩生物学和行为研究先驱戴安·弗西和乔治·夏勒（George Schaller）[3]的讲座，同时还有乌干达大猩猩专业追踪者和布温迪国家公园管理员的陪同。大众对大猩猩的恐惧主要来源于小说及其同名电影《金刚》。但这并不是恐惧大猩猩的最早来源。19世纪下半叶，探险家保罗·杜·沙伊鲁（Paul du Chaillu）[4]在非洲第一次见到了大猩猩，他声称大猩猩能把人劈成两半，它们充血的眼睛好像随时都能射出火花。因此，几十年来，大部分科学家都不怎么喜欢它们。那些想要研究大猩猩的科学家，总会先建好牢固的笼子困住它们，以避免被它们袭击。但其实它们是一个害羞的物种，在面对一堆黑洞洞的摄像头时，总想着躲在角落里，不让人看到自己。人类所有关于大猩猩的知识，基本都靠捕捉大猩猩获得的，而这些捕猎项目基本由一些国家的自然历史博物馆资助。那些被猎人和动物贩子围捕的大猩猩，尤其是银背大猩猩，都有自己的族群（一般一个族群由一只或数只雄性大猩猩及它们的"后宫"组成），如果看到"家人"被攻击，它们自然会愤怒，产生暴力行为。但这种"大猩猩很暴力"的刻板印象在文学作品中不断地被强化。比如，在《猩球崛起》这部长篇小说中，黑猩猩的形象是科学家，红毛猩猩的形象是政治或宗教领袖，而大猩猩的形象则是残忍的士兵。

乔迪·萨巴特·皮主要研究生活在非洲西部的大猩猩，而乔治·夏勒和戴安·弗西主要研究非洲东部的大猩猩，他们的研究都证明了一个与常规认知相反的观点：只要对大猩猩有尊重和耐心，就有可能在不发生危险的情况下接近它们。我们的经历也证明了这一观点。那天，我们在布温迪见到了银背大猩猩，当时一些未成年的大猩猩正在一棵榕树上吃果子，而成年雌性大猩猩陪伴在它们身边，一只成年雄性大猩猩四肢着地朝我们走了过来。它非但没有敲碎我们的脑袋，反而弯下身子，低着毛茸茸的头，像看野生芹菜苗一样观察着我们，用眼角偷偷地瞟了我们几眼，俨然是猩猩界最好的"动物行为学家"。半小时后，它站了起来，消失在森林的最深处。Tutaonana？[5]

---

[3] 乔治·夏勒（1933— ），美国动物学家、博物学家、自然保护主义者，曾被《时代》评为世界上三位最杰出的野生动物研究学者之一，也是第一个在中国为世界自然基金会（WWF）开展工作的西方科学家。

[4] 保罗·杜·沙伊鲁，法裔美籍动物学家和人类学家，因自称是第一个看到活的大猩猩的欧洲人而成名。

[5] 斯瓦希里语，意为"我们还会再相见吗"。

近年来，尽管卢旺达、乌干达和刚果民主共和国的政府做了很多的努力来保护大猩猩，但在非洲森林中的山地大猩猩依旧是极危物种。但它们无论来自海岸、河边、平原，还是山地，总是以带有敬意的眼光观察我们。我们应该向大猩猩学习，学会观察它们，而不是摧毁它们。

在乌尤尼的周边地区，
当地人说从未亲眼见过美洲狮，
但他们知道，在夜晚的庇护下，
这种野兽会在他们的美洲驼和羊驼群中徘徊。

美 洲 狮

Puma concolor

（林奈，1771）[1]

美洲狮一直吸引着博物学家的关注，他们想追踪美洲狮的踪迹，而在过去，则是美洲狮在追踪我们的祖先。尽管美洲狮和猫的关系比和狮子的关系更近些，但我们仍叫它美洲"狮"。

在美洲，这种动物构成了很久以前哥伦布时期原住民族群信仰的一部分，并且这种信仰崇拜一直延续到今天。在印加神话[2]里，美洲狮和秃鹰代表地表世界及地表世界之上的

---

[1]1771 年，林奈为美洲狮命名。

[2] 印加神话，是指包含了许多解释或象征着印加人信仰的故事和神话传说。

世界，而蛇滑行之处代表地表内的世界，它们是这三重世界的图腾代表。三重世界代表的宇宙观有着独特的美感，与科学体系下的宇宙观大相径庭。在过去，美洲狮作为伟大的捕食者，其栖息地几乎覆盖了整个美洲。然而，它们现在的处境早不如前：人类数量加速增长，美洲狮的数量却加速减少。

在玻利维亚，美洲狮的存在如幽灵一般，是一个夜间存在的幻影。科学家在当地进行了一次又一次的考察后，得到了相同的结果：只发现了美洲狮的粪便和足迹，却看不到这片土地原有国王的真身——它们似乎不想和人类有任何交集。人类占领了它们的王国，在这里耕地、修路、建房、建厂，赶走或消灭了它们的猎物。与此同时，作为交换，我们"给予"了它们可能对人类世界感兴趣的东西——牲畜。

在乌尤尼[3]的周边地区，当地人说从未亲眼见过美洲狮，但他们知道，在夜晚的庇护下，这种野兽会在他们的美洲驼和羊驼群中徘徊。当美洲狮和牧民的利益发生冲突时，牧民的选择自然是赶走这些无形的徘徊者。在图努帕火山的山坡上，可以看到乌尤尼盐沼。有人承认自己在山坡上放了火，试图赶走那些想要吃光他羊群的美洲狮。然而，伤敌一千自损八百，这场大火逐渐失去了控制，不仅伤害了附近的植物，还伤害了动物，尤其是把南美洲骆驼逼到了绝境，它们被困在石壁前，走投无路，最终被烧成了炭。

在万圣节的前一天，我们一行人终于找到了美洲狮。在圣克里斯托瓦尔（San Cristobal），当孩子和大人们聚在一起，欢声笑语，为返回人间的灵魂准备糖果时，我们在一户人家里发现了一只被填充好的美洲狮标本。这户人家把多年前猎杀的美洲狮放在一个架子上。也许在这个万圣节的庆祝活动中，这只美洲狮也会返回阳间几小时，出现在人类和死灵面前，夺回它失去的"美洲狮子"王冠。谁知道呢？

---

[3] 乌尤尼，位于玻利维亚西南部波托西省的城镇，地处海拔 3665 米的高原上，西有产盐地乌尤尼盐沼——世界最大的盐层覆盖的荒原，有"天空之镜"的美称。

在印第安人眼里，
美洲野牛是一种神圣的动物，
猎人在杀死一头美洲野牛后，
会走过去靠近倒地的它，
吸入它呼出的最后一口气息，
令其灵魂的精华变为自身的一部分。

白色美洲野牛

Bison bison
（林奈，1758）[1]

在南达科他州[2]，有一处保留下来的夏延族[3]印第安人的圣地，那里收藏着一只白色圣牛烟斗。有苏族[4]人说，烟斗是一个女人送的。这个女人的出现很突然，她教当地人如何祭祀烟草，如何用烟斗抽烟。在这里，抽烟也是一种仪式，通过抽烟，可以建立和大灵（Wakan Tanka）[5]沟通的渠道。拉科塔族领袖约瑟夫跟我们说："那个女人告诉我们，

---

[1]1758 年，林奈为美洲野牛命名。

[2] 南达科他州是美国中西部的一个州。

[3] 夏延族，又译作夏安族，印第安部族之一，是美国大平原的原住民，主要分布在蒙大拿州和俄克拉何马州南部。1848 年，加州发现黄金后，殖民者西迁，与印第安人发生了激烈的土地争夺战，夏延族是这次西迁的主要牺牲者之一。

[4] 苏族，北美印第安部族之一，现代苏族由达科他人和拉科塔人两大分支组成。

[5] 大灵，拉科塔人神话中的术语，意为"存在于万物之中的力量或神圣"。

只要尊重土生土长的地球，我们的人民就会永生。"最后，这个女人当着所有人的面，变成一头白色美洲野牛离开了。

在印第安人眼里，美洲野牛是一种神圣的动物，猎人在杀死一头美洲野牛后，会走过去靠近倒地的它，吸入它呼出的最后一口气息，令其灵魂的精华变为自身的一部分。在印第安人的传统里，美洲野牛是"万物的给予者"。它们不仅给族人提供了饱腹的肉和暖身的衣，还给予了他们力量和信心。这些重达一吨多的动物，曾数以万计存在于土地上，养活了印第安人几个世纪。

美洲野牛中又以白色的最为不寻常、最为神圣，神圣到不可触摸的地步，猎杀是绝不允许的。当然，凡事都有例外。在夏延族的规训中，如果族人遇到紧急情况，非要杀死一头白色美洲野牛，那就必须是在流星雨落下之际，因为只有那时，才是在白色美洲野牛的皮肤上刻下与神灵和平协议的最佳时刻。他们相信大自然白化美洲野牛的魔法也可以帮助人类生存。

在像海洋一样绵延，黑色、棕色的美洲野牛群中，一头白色的个体总是那么显眼，看起来颇为奇怪，显得非常地不真实。看到它的人总会再定睛看一眼，才敢确定自己所见为实。特别是到了晚上，当牛群中的白色个体在河谷、草原、平原吃草时，像黑夜中的明灯般闪闪发光。

美国国家野牛协会曾估算过，美洲野牛每1000万次分娩中才有1只白色牛犊诞生。无论该数据是否真实，都能说明白化个体非同寻常的稀有性。因为它们的特殊性，每只白色个体的美洲野牛都有属于自己的名字，诸如"奇迹""闪电""魔法"等名字常常被反复使用。

白色美洲野牛如此罕见，以至于与它们有关的每一个故事都令人难忘。其中，亚利桑那州灵山牧场（Spirit Mountain Ranch）的故事尤为让人印象深刻，这个牧场不仅饲养了一些白化美洲野牛，还进行了专门的繁殖。在这个牧场里，白色美洲野牛的数量一度达15头之多。到此一睹白色美洲野牛风采的印第安人会将祭品挂在牛圈的栅栏上。在他们的眼里，也许这是世界上最神奇的牛群。

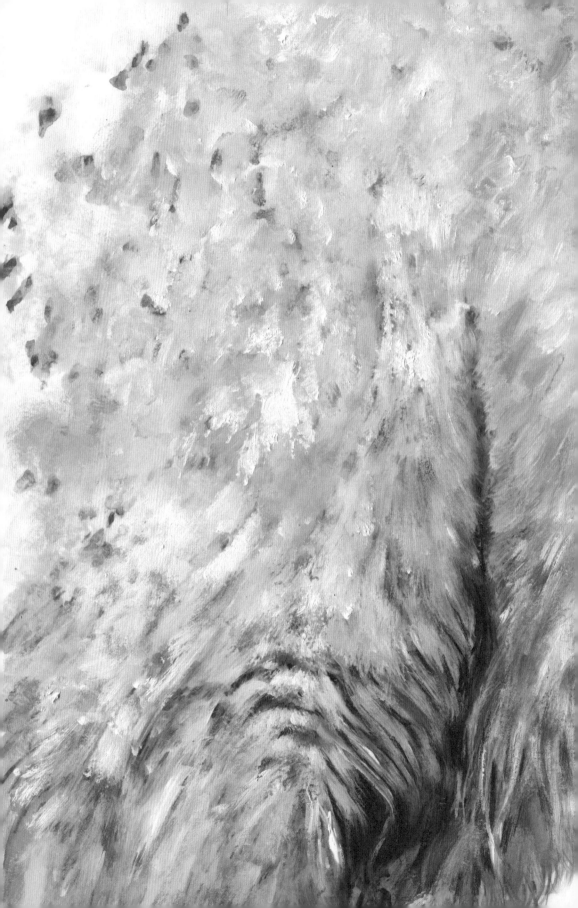

鲸头鹳

Balaeniceps rex

（古尔德，1850）[1]

据说，鲸头鹳是一种暴力且孤独的鸟，
根据就是它的大喙。

---

[1]1850 年，约翰·古尔德为鲸头鹳正式命名。

第2章 现存生物

科学家将这种鸟称为鲸头鹳（Balaeniceps rex），阿拉伯人则叫它"Abou Markhub"，意为"拖鞋喙"，这和它的直译英文名"Shoebill"含义相同。鲸头鹳的喙直径和其他鸟的喙差别太大，让人印象深刻，以至于见过它的人基本都会记住它的名字并且不会认错。鲸头鹳现存的数量并不多，据估计，在刚果、乌干达和苏丹南部其目击数量达2000～5000只，但当地人怀疑现存的鲸头鹳并没有这么多，因为想目睹它的踪影并不容易。

据说，鲸头鹳是一种暴力且孤独的鸟，它可以用喙将猎物从沼泽地茂密的植被中拉出来，然后，以鹈形目[2]特有的方式将猎物（多数是鱼）杀死——用它那巨大且有着锋利边缘的下颚，把两栖动物撕成碎块，把鲈鱼、鲇鱼和水鸟斩首。鲸头鹳喙的前部就像一个爪子，可以用来固定猎物，防止其滑落。

不过真正让鲸头鹳出名的，倒不是其令人闻风丧胆的捕猎方式。而是它的另一个称号，"该隐之鸟"[3]。这个称呼来源于鲸头鹳的一个家族习性：一般来说，鲸头鹳一次会下2个蛋。蛋孵化后，鲸头鹳母亲会喂养幼鸟40来天。其间，幼鸟不管是兄弟还是姐妹，都会为了活下来不停争食，直到有一天它们之间爆发一场生死搏斗，胜者将继续活在这世上50余年。由于鲸头鹳的体重过大，它可能是世界上飞行速度最慢的鸟。也是因为它的体重，奋力起飞的鲸头鹳看起来就像一架直升机。当它飞到半空中时，便不再像在地面上那般沉默，它会晃起头来发出"咯咯嘎嘎"的声音，有时听起来就像牛在低鸣。

我们一边在艾伯特湖（Lake Albert）航行，一边在岸边高耸密集的植被中寻找鲸头鹳的踪影，同行的一个人说他虽然没见过鲸头鹳的真身，但他保证这些鸟就在附近。

我们问他："你怎么这么肯定？"

"很多东西即使我没见过，我也相信它的存在。如果我认为世界只是我所看到的，那太愚蠢了。"

---

[2] 鹈形目在动物分类学上是鸟纲中的一个目，为大型游禽，包含6个科，如鹈鹕、鹭鸶等。主要特征为喙强大具钩，下有喉囊，四趾均向前，趾间均具蹼，分布于热带和温带。

[3] 该隐，《圣经》中记载的人物，是亚当和夏娃最早所生的两个儿子之一，该隐为兄长，因憎恨弟弟亚伯的行为，将其杀害，后受到上帝惩罚。现多指杀亲者、恶人。

在亚洲狮生活的地域，

当地的君王会下令猎杀它们，

并将猎杀的场景画下来，

雕刻在石头上，

在陵墓和宫殿里进行展示。

古代人用冷兵器猎杀，

近代人则用热兵器猎杀。

亚 洲 狮

Panthera leo persica

（迈耶，1826）[1]

在非洲大陆上探寻多年后，人们普遍相信《狮子王》里的观点：狮子是这片土地的王者。然而，事实并非如此。

生活在电视时代的我们，从小看电视上反复播放的《所罗门王的宝藏》《红尘》《泰山》，这些电影中都有狮子的形象，还有纪录片《母狮爱尔莎》，我们的父辈还看过电影《斗鸡眼狮子》。这些电视剧、纪录片、电影无不向我们呈现出"狮子是王者"的印象。可见，"狮子王"的形象由来已久。

---

[1] 约翰·迈耶（Johann N. Meyer），奥地利动物学家，1826 年首次对亚洲狮进行了科学描述。

即便到了 21 世纪中期，"狮子王"这一过时且不科学的观点也还相当流行。在动物世界，在人类还敬畏自然的年代里，就不存在所谓的"王者"，也没有哪种动物因为它是机会主义者，就被当成叛徒或被认为是不道德的。比如，可怜的鬣狗在电影作品中总是负责扮演"坏人"，实际上它大部分时间都以腐肉为食，只是一种生存策略而已，更别说它其实也会靠猎杀捕食，所以鬣狗的"坏"形象是没道理的。

家喻户晓的"Símba（辛巴）"[2]，在斯瓦希里语中只是"狮子"之意，并不是真正意义上的非洲丛林之王。狮子也不是非洲的特有物种。很久以前，狮子还生活在欧洲和美洲，因为在那里发现了它们的化石。不仅如此，狮子还曾和老虎生活在亚洲大陆上，只是前者在丛林里狩猎，后者在灌木丛里狩猎。但昔日的景象已不复存在，如今在野外已经很难发现亚洲狮，它们濒临灭绝。想要看到它们，只有去到印度才有机会，还必须是在吉尔国家公园[3]里。

尽管亚洲狮和非洲狮关系很近，但前者的个头比后者小一些，尤其是母狮，差别更大。如果你想知道著名的狮子标志——好莱坞电影制片厂的米高梅狮子是哪种狮子，稍微对比一下亚洲狮和非洲狮便可知晓。印度的成年雄性亚洲狮的鬃毛比非洲狮更红、更短。答案不言而喻。

亚洲狮和非洲狮的行为很接近，比如同为群体生活的它们，母狮主要负责狩猎。亚洲狮的濒危有悠久的历史原因。在亚洲狮生活的地域[4]，当地的君王会下令猎杀它们，并将猎杀的场景画下来，雕刻在石头上，在陵墓和宫殿里进行展示[5]。古代人用冷兵器猎杀，近代人则用热兵器猎杀。人类这样做，通常只是沿袭通过猎杀食肉动物，如狼、美洲狮、猎豹来保护羊群的传统。但不可忽视的是，羊群的生活不容易，没有王冠的狮子生活也不容易。

---

[2] 经典动画电影《狮子王》，讲述了小狮子辛巴成长为丛林之王的故事。

[3] 吉尔国家公园是世界上除了非洲丛林，唯一能找到自由游荡的狮子的地方。除了亚洲狮，豹子、四角羚等也是该公园的重要看点。

[4] 亚洲狮曾经主要分布在西南亚，包括地中海至印度一带。

[5] 早在 3000 年前，亚述古城的皇室就有猎狮的传统。如今在大英博物馆中还收藏着亚述皇家猎狮浮雕，这是大英博物馆镇馆之宝之一。

在1994年10月底，

蒂姆在一个废弃矿井的机器旁，

看到了一只年轻的雄性白腹树袋鼠，

还拍了一张照片。

白腹树袋鼠

Dendrolagus mbaiso

（弗兰纳里等，1995）[1]

白腹树袋鼠听到踩在落叶上"窸窸窣窣"的脚步声——两个来自莫尼部落（Moni）[2] 的男性来了。其中一个男人偶尔来这儿，另一个是小男孩。他俩在白腹树袋鼠休息的那棵树前停下了脚步，只为看看它现在怎么样了。他们说已经爬到高山森林区的最高处，再往上就没有树林了。

"Mbaiso"，男人说道，这个词除了指代白腹树袋鼠，还有另一个意思：不能触碰的动物。

---

[1] 1995 年，澳大利亚动物学家蒂姆·弗兰纳里（Tim Flannery）、印度尼西亚动物学家博埃迪（Boeadi）、澳大利亚人类学家亚历山德拉·萨雷（Alexandra Szalay）正式向科学界描述了白腹树袋鼠。

[2] 莫尼部落，分布在印度尼西亚巴布亚省西部的原住民民族，尊崇白腹树袋鼠，视其为祖先。

第 2 章 现存生物

见到白腹树袋鼠的他们显然很开心。只见白腹树袋鼠坐在那儿，吹着口哨，举起前爪，露出弯钩样的指甲和粗糙的脚肉垫。得益于如此独特的脚部结构，白腹树袋鼠不仅可以轻松地爬树，还可以稳稳地从一个枝头跳到另一个枝头。它还会翘起一条长且有力的尾巴，让自己在树枝上保持平衡，显然，它和袋鼠很像，所以被分类到袋鼠科。科学家认为它翘尾巴的行为有威胁性，但莫尼人认为不是这样，他们觉得它只是在模仿莫尼部落祖先的问候方式。也正因为如此，莫尼族人一直在保护这种动物，不允许它们被吃掉。

男人从皮袋里掏出 3 张照片给小男孩看，并跟他讲述了照片里的故事。多年前，男人陪同一些外国人去找白腹树袋鼠，这些外国人从没见过这种动物。领队的那个人名叫蒂姆，戴着一顶旅行时买到的黑白皮帽。

"他不知道自己头上戴的是什么吗？"小男孩问道。

"的确，但他想知道。"

于是，蒂姆组织了一次探险，找来了朋友亚历山德拉、博埃迪以及达尼部落（Dani）[3]和莫尼部落的几个人一起去。探险中，一个达尼部落的族人先在路上发现了白腹树袋鼠的毛发和骨头，不久后一个猎人出现了，他扛着一具白腹树袋鼠的尸体。

男人记得很清楚，在 1994 年 10 月底，蒂姆在一个废弃矿井的机器旁，看到了一只年轻的雄性白腹树袋鼠，还拍了一张照片。

男人和小男孩不禁又看了一眼照片，"看来白腹树袋鼠很出名啊！"小男孩说。

男人没有回答，因为他不完全理解出名的概念。白腹树袋鼠一直没有受到特殊的保护，即便蒂姆向外界透露了它们的存在，也没有很多人专程来看它们，所以白腹树袋鼠可能没有小男孩想象中那么出名。但仅仅在三代人的时间里，这些有袋动物的数量就少了一半。2016 年，该物种被宣布为濒危物种。诚然，在苏迪曼山脉[4]的西侧，在莫尼部落族人的保护下，那些存活下来的白腹树袋鼠生活得并不差，甚至还允许人类触摸它们。但东部的达尼却不认为它们是神圣的，达尼人喜欢吃它们的肉，所以在西巴布亚省，白腹树袋鼠的数量少得可怜。

眼下，两个人眼前的这只白腹树袋鼠转到另一侧，从 18 米高的树上跳下来，然后爬上另一棵树，显然它玩得很开心。

---

[3] 达尼部落，分布在印度尼西亚巴布亚省东部，是地球上最原始的热带雨林部落之一。

[4] 苏迪曼山脉，地处印度尼西亚巴布亚省的一座山脉，最高峰是查亚峰（海拔 4884 米），也是世界上最高的岛屿山峰。

大家都说它是世界上最凶猛的动物。

貂 熊

Gulo gulo

（林奈，1758）[1]

一只貂熊正用它四只宽如雪地靴的爪子，在加拿大高山苔原上奔走，寻找食物。在过去的一周里，这只貂熊已经走了 200 多千米，如果一直找不到食物，它还得走 1000 多千米。漫长的觅食之路和逐年上升的气温，让它有点心烦，但它更害怕出现想剥它皮的人类。貂熊在皮草市场的评价向来不错，因为不管天气有多冷，它的皮毛都不会变硬。事实上，貂

---

[1]1758 年，林奈为貂熊命名。

96

熊在森林里已经很少看到同它差不多的鼬类动物。而在北方针叶林地区[2]，鼬类的生存境地也好不到哪儿去。

这只貂熊穿过一条有鲑鱼的河，但它不会捕鱼，它更擅长在陆地捕猎。冬天让捕猎的难度增大，好消息是，冬日即将结束，它不再需要下山捕猎。尽管如此，此刻的它也还在挨饿。如果足够幸运的话，遇到一个已经夹住了一只猎物的陷阱，它就可以吃到现成的腐肉来填饱肚子。

忽然，它发现了一只大型哺乳动物，起初它以为是一只驼鹿，近看才发现是一只巨大的驯鹿。它真的很饿，此刻，只有猎杀这头比自己体形大得多的动物，才能证明它配得上"无敌战士"的头衔——大家都说它是世界上最凶猛的动物。驯鹿似乎觉察到了危险，开始踱步准备逃跑。对于貂熊来说，为了填饱肚子，多走上几千米，多花几小时，甚至几天都无所谓，只要等到合适的时机，一切都是值得的。

于是，貂熊跟着驯鹿一直往山下走。一路上，貂熊遇到了一只熊、两只松鸡，还有数不清的小鸟。驯鹿似乎觉得自己安全了，于是停下了脚步。此时的貂熊早已疲惫不堪，几乎是拖着身子在爬行，但功夫不负有心人，它终于等到了驯鹿放松警惕的时刻。

就是现在！它跳到了驯鹿的脖子上，展现出令人惊叹的力量和凶猛的獠牙。最终驯鹿倒在地上，貂熊大快朵颐。作为食肉动物的它，可以一顿吃下大量的肉，因此也被称为"贪食者"，德国人则叫它"Vielfraß"，意思是"馋鬼"。当它吃完盛宴，也不歇息一会儿，就开始赶路了。它总是不分白天黑夜地在走，就像一个逃亡者，走到哪儿吃到哪儿，以尽量减少被敌人发现的可能性。也许，有一天你在某个时刻某个地点，有机会看到一只貂熊出现，但很快它就会消失，估计你再也看不到它了。

---

[2] 北方针叶林是以混合落叶木与常绿针叶木为主的森林，主要分布于阿拉斯加、加拿大、瑞典、芬兰、挪威和俄罗斯（尤其是西伯利亚地区），零散分布于美国本土极北（明尼苏达州、纽约州、新罕布什尔州、缅因州以北）、中国（大兴安岭、长白山、西藏、青海、新疆等部分地区）、哈萨克斯坦极北、日本北海道极北地区。

实际上，亚马孙河豚的皮肤是浅灰色或棕色的，
只有在情绪波动的时候才会变成粉红色，
而变成粉红色似乎是一件经常的事。

亚马孙河豚

Inia geoffrensis

（德布兰维尔，1817）[1]

在雨林里有一条雌性河豚，正在照料它的宝宝。和往常一样，这个季节正是雨季，亚马孙河泛滥成灾，也正因如此，这只河豚得以游进被河水淹没的丛林里，这里的水流更平静，方便它和宝宝休息。更重要的是，这里出现牛鲨、水蟒或美洲虎的风险更小，尽管黑凯门鳄[2]永远不会缺席。两天前，一条雄性河豚返回河床上，用它巨大的胸鳍在漂浮的灌

---

[1] 亨利·玛丽·杜克罗泰·德布兰维尔（Henri Marie Ducrotay de Blainville，1777—1850年），法国动物学家和解剖学家，1817年首次对亚马孙河豚进行科学描述。

[2] 黑凯门鳄是凯门鳄中最大的一种鳄鱼。它们食性广泛，主要以鱼、蛇、水豚、鬣蜥等为食，分布于玻利维亚、巴西、哥伦比亚、厄瓜多尔等地。

木丛中穿梭，和一群土库海豚以及亚马孙巨獭结伴[3]，一起协作包围鱼群，好让自己饱餐一顿。河豚最不喜欢河流上不断来往的船只，那些高速旋转的螺旋桨杀死了它不止一个同伴。发动机的噪声对于它来说也是一种折磨，会让它分散注意力，哪怕它早已习以为常。

但今天，这条雄性河豚没能找到一起狩猎的伙伴，只能独自行动，用它那比其他海豚要长得多的吻部，来寻找河龟、螃蟹、石首鱼和水虎鱼[4]的踪迹，它行动敏捷而机智，几乎什么都吃，因为只有这样才能生存下去。对于人类来说，亚马孙河豚最特别的地方在于它的肤色。跟它粉红色的皮肤相比，它的其他特点，比如拥有比人类大 40% 的大脑，能把脖子扭转 180 度，就没那么令人印象深刻了。毕竟连用亚马孙河豚的油制作的药品、爱情护身符[5]都无法和它粉红色的皮肤相提并论。没错，它的粉红色皮肤就是那么令人着迷。

突然，一条亚马孙河豚出现在我们眼前，每个人都无比兴奋，难以置信。此时，有人讲起关于亚马孙河豚的传说。据说，在满月的夜晚，粉红色的亚马孙河豚会变身成一位迷人的少年，没有人可以抗拒他的魅力，他会去聚会上跳舞，引诱少女并使她们受孕。一旦他完成引诱任务，就会回到河边，变回河豚的模样。因此，当地有人会把它当作婚外孕的借口。

实际上，亚马孙河豚的皮肤是浅灰色或棕色的，只有在情绪波动的时候才会变成粉红色，而变成粉红色似乎是一件经常的事。但到现在都没人搞清楚这是怎么一回事，因为研究数据不足，即便亚马孙河里有许多的河豚。关于亚马孙河豚的数量也没有明确的数据，因为不同的区域分布着不同数量的亚马孙河豚，且分布数量随着环境的波动而变化，在有的区域，亚马孙河豚的数量已达到濒危水平。同时，在亚马孙河豚生存地周围的水力发电厂、石油泄漏、杀虫剂的使用和采矿造成的金属污染等多种因素，都有可能引起它们的情绪波动，让它们的粉红色皮肤变得越来越深。换言之，粉红色是亚马孙河豚的压力颜色。

---

[3] 土库海豚，主要分布于南美洲亚马孙河与奥里诺科河流域。亚马孙巨獭，也叫南美大水獭，是已知的 13 种水獭中体形最大的，其生性聪明，能组成庞大复杂的社会性群体，被称为"河中之狼"。

[4] 水虎鱼又名食人鲳，生活在奥里诺科河、亚马孙河流域，平时以其他鱼类为食，饥饿时也会群起袭击进入水里的陆生动物和人，几分钟便可将猎物吃得只剩骨头。

[5] 在一些地区，人们会在新婚之夜点燃用河豚油制作的灯，认为这有助于增进夫妻感情。

第一批来到中非的欧洲人，

从姆布蒂人那里打听到一个传闻，

说在森林里藏着一种神秘的大型动物。

由于传闻中的信息实在太少，

很快这种神秘动物

就被打上了"非洲独角兽"的标签。

㺢㹢狓

Okapia johnstoni

（斯克莱特，1901）[1]

有一本有趣的书叫《雷维约教授的世界动物图谱》，是插画师哈维尔·萨埃斯·加斯丹（Javier Saez Castan）的作品。之所以称之为"有趣的书"，是因为读者可以通过这本书将现实中不同的动物重新组合，创造出新的动物。这本书螺旋装订成册，将一种动物分成了三个部分，读者可以随心所欲地组合。随意翻翻，得到的新物种都很搞笑。比如，你可以把大象的头部、家牛的中部和犀牛的尾部组合在一起，起名为"犀牛象"。神奇的是，现实中真有一种看起来像是由几种动物组合在一起的物种：长颈鹿＋羚羊＋斑马＝

---

[1] 菲利普·拉特利·斯克莱特（Philip Lutley Sclater，1829—1913 年），英国动物学家，1901 年首次向西方科学家描述了㺢㹢狓。

第2章 现存生物

獾狮狓。

第一批来到中非的欧洲人，从姆布蒂人[2]那里打听到一个传闻，说在森林里藏着一种神秘的大型动物。由于传闻中的信息实在太少，很快这种神秘动物就被打上了"非洲独角兽"的标签。姆布蒂人以狩猎采集为生，将这种"独角兽"称为"O'api"。姆布蒂人被西方种族主义者视为俾格米人，"俾格米人"本身就带有歧视的含义（桑人和爱斯基摩人同理），意指侏儒群体，现如今在西方语境下已不再使用。但在19世纪中叶，殖民主义兴起之时，欧洲白人比非洲黑人优越的观点几乎是"常识"。诚然，那些原住民天天打赤膊，只会用毒箭打猎，没有培训精英的学校，没有金碧辉煌的歌剧院，也没有豪华的博物馆——可以这么说，西方的博物馆就是一个征服世界的标志，因为那里展览着从世界各地搜刮来的与考古学、人类学及其他自然科学相关的战利品。但姆布蒂人比那些头戴木髓盔[3]的殖民者更了解属于他们自己的"世界"。

亨利·莫顿·斯坦利（Henry Morton Stanley）[4]在刚果探险期间，把"非洲独角兽"和一种不知名的马联系在一起。几年后，冒险家哈里·约翰斯顿（Harry Johnston）[5]仅凭着传说，开始寻找这种神秘动物。1900年，他回到伊图里（Ituri）[6]的丛林，在姆布蒂人的带领下，偶然发现了一张带条纹的动物皮毛。哈里·约翰斯顿将其带回伦敦后，人们普遍认为这是一种新发现的斑马。之后他又前往非洲寻找了一次，这次多亏了当地的猎人，他找到了神秘动物的脚印。根据脚印的特征，哈里·约翰斯顿推断这种动物并不属于马科（因

---

[2] 姆布蒂人，也称班布蒂人，他们身材矮小，平均身高不到137厘米。

[3] 木髓盔，即木髓头盔，也称探险者帽、太阳帽，是一种轻量级头盔。因其主要制作材料为木髓而得名。19—20世纪，欧洲旅行者和游猎者为了抵御非洲等热带地区的炎热气候，普遍使用木髓盔出行；欧洲各国也普遍为驻扎在这些地区的殖民军队发放木髓盔。久而久之，这种头盔便成为欧洲殖民主义的象征。

[4] 亨利·莫顿·斯坦利（1841—1904年），英裔美籍探险家、记者，曾深入中非，以发现刚果河而闻名于世。

[5] 哈里·约翰斯顿（1858—1927年），英国探险家、植物学家和语言学家，他广泛游历非洲，会说多种非洲语言，出版了数十部关于非洲的书籍。

[6] 伊图里，位于刚果民主共和国东北部。

105

为它只有一个脚趾），而是属于偶蹄目（两个脚趾）。更重要的是，其后他还发现了这种动物的头骨及其他骨骼。最后，这位冒险家终于发现了关键的科学证据，证明这是一种新的长颈鹿科动物：獾㹢狓。虽然科学家已证实了獾㹢狓的存在，但这种长得像"长颈鹿+羚羊+斑马"结合体的野生物种依旧隐藏在刚果的密林里（研究人员依然在乌干达寻找它的踪迹）。

第3章 神话生物

有些神话生物是如此地生动，

不仅有着难以置信的故事背景，

还激发了人类寻求真相的探险活动。

有人试图寻找它们存在的证据，

有人创造了和它们相关的

绘画、雕塑、博眼球的文章和书籍，

甚至游戏形象，

不管是什么，

人们都从这些神话生物那里得到了一些"好处"。

说到雪人、尼斯湖水怪、海妖、卓柏卡布拉、大鹏，

人们总会联想到一系列和冒险、神秘有关的标签，有时候甚至还会生

出恐怖的感觉。

对神话的根源进行深入研究，必须潜入海洋的最深处，攀上最险恶的白雪皑皑的山峰，进入难以穿透的密林，探寻有着强盗、商队和海盗历史的土地。但最重要的是，这是一次通往我们想象力极限的探索，比如象人，你可知这是一种人类和动物结合的共同体？

一种半象半人的神话生物的名字。
作为游牧猎人的他们
将人类和另一种高智商动物大象结合在一起，
是一种非常特别的组合。

象人

The Ts'ikayo
（没有科学依据）

　　我们在坦桑尼亚北部埃亚西的灌木丛中露营，这里让人想起纳特龙湖[1]，一个位于大裂谷的干涸湖泊，一片荒凉之地。"白人不会想待在这种满是灌木丛的地方。"在电影《走出非洲》[2]中，工头对布里克森如是说，但埃亚西的居民哈扎比人[3]已经适应了恶劣的生存环境。这是一个靠狩猎采集为生的民族，不管是在新石器时代，还是在世界走向工业革命

---

[1] 纳特龙湖是位于坦桑尼亚北部的咸水湖，由于受火山运动影响，纳特龙湖的湖水含有大量的碳酸钠，呈强碱性，可将坠入湖中的生物石化。英国摄影师尼克·勃兰特曾拍摄过纳特龙湖的石化生物，颇为知名。

[2] 该片讲述了女主人公凯伦为了得到布里克森男爵夫人的称号而远嫁肯尼亚，在遭遇婚姻破裂和丈夫出走后，最终自我成长，寻得真爱的悲情故事。下文中的布里克森即女主人公的丈夫。

[3] 哈扎比人是东非最后一个靠狩猎采集为生的部落族人。

之后，他们都践行着原始的生存法则，保留着人类进化的初期特征。事实上，在制造业经济出现之前的 700 万年里，我们的原始人祖先都是高效的机会主义者。

当我们停下来参观朋友纳尼和克里斯位于基亚玛恩格达（Kisima Ngeda, 埃亚西湖边的一个绿洲）的农场时，顺带研究了科伊桑部落[4]好几天。科伊桑部落是一个只会讲"咔嗒"辅音的民族，他们说的咔嗒声是语言学家所知道的最古老的语言。在那里，我们一边喝着东非地区最受欢迎的塔斯克啤酒，一边欣赏着美丽的湖泊，聊起了化石、家族和哈扎比人。哈扎比人可以说是最接近智人的非洲民族。

此时，农场主纳尼向我们介绍了一个新词："Ts´ikayo"，这是一种半象半人的神话生物的名字。这种身为游牧猎人的象人，将人类和另一种高智商动物大象结合在一起，是一种非常特别的组合。高智商动物包括大象、倭黑猩猩、大猩猩、红毛猩猩和海豚……它们都有一个共同特点，那就是可以认出镜子里的自己，即有自我意识。大象作为高智商动物的一种，在家人或同伴死去后，会表现出一系列复杂的行为来进行哀悼。这种哀悼行为在近些年越发常见，因为有很多它们的同胞在栖息地被猎杀。

与大象一样濒临灭绝的哈扎比人目前仅存 400 余人[5]，分成一个个小团体生活。当地的农民、牧场主还在削减他们本来就不多的领土，而疾病和酒精的存在更是限制了他们的发展。如果继续这么下去，那么很快，他们就会变为"象人"一样的存在。所以，像保护狮子和大象一样去保护他们，去维护人类文化的多样性，并不是一件多么夸张的事。

在那里，我们遇到了一位追踪羚羊失败的哈扎比部落的朋友，那只羚羊最后跑进了恩戈罗恩戈罗保护区[6]。我们问他，为什么豹子可以杀死羚羊，而他却不能。他摇摇头说不知道，他无法理解政府的禁令。

"豹子和人类——我们都是动物。"他一边说，一边停下来抽烟斗，他没有读过大学，也没有读过达尔文的书。在西方，我们把人类视为天选的物种，避免跟动物扯上关系，但上"自然大学"的哈扎比人，显然对我们和动物的共同起源有更深刻的认识，超越了人类的偏见。

---

[4] 科伊桑部落，非洲最古老的民族之一，主要聚居于非洲南部，部分分布于东非。

[5] 此处指依然为游牧狩猎采集者的传统哈扎比人。

[6] 恩戈罗恩戈罗保护区是世界上已发现的面积最大的完整火山口，位于坦桑尼亚塞伦盖蒂国家公园的东南侧。

尼斯湖水怪简直是一个再好不过的噱头,
用来吸引成千上万的游客前往美丽的尼斯湖。
人们都试图一睹水怪的风采,
再不济也能买些周边纪念品。
其中有不少游客相信水怪是真实存在的。

尼斯湖水怪

The Loch Ness Monster

(没有科学依据)

水怪真的存在吗?科学和神话似乎风马牛不相及。前者讲的是逻辑论证,后者则是人类用来解释一些神秘现象的主观臆测。那么,一位英国的古生物学先驱又与尼斯湖水怪有什么关系呢?

玛丽·安宁(Mary Anning)住在英国多塞特郡,在 18 世纪末出生的她,出身卑微,从未受过正规教育。和同时期的其他博物学家一样,她头脑聪慧,对万物都很好奇。她会在莱姆里吉斯[1]的悬崖上寻找神秘的化石。对化石的迷恋给了她一种独特的维持生计的方

---

[1] 莱姆里吉斯,位于英国英格兰南部的度假胜地,也是一个重要的化石探寻区域。

式——收集化石并将其卖给收藏家和自然科学委员会。换句话说，她负责寻找和发现化石，而其他人也从中受益。如果你去过伦敦自然史博物馆，穿过大厅后，你便可以看到一具鱼龙的标本，这就是玛丽的发现，她把自己发现的化石交给了科学研究者。

19 世纪初，人们对古代巨型爬行动物的研究进入热潮，玛丽发现了一个壮观的灭绝生物——蛇颈龙的化石，这是一种长着长脖子和四条细长鳍状肢的海洋生物。不过世事难料——她很早就去世了（47 岁），所以她生前并没有在业内获得什么荣誉——1 个世纪后，蛇颈龙的名声才得以从灰烬中重生，而原因正是神秘的尼斯湖水怪。

许多苏格兰高地人说，尼斯湖水怪的传说最早可追溯到 6 世纪，但其实有相当多的证据证明它是近代才出现的。不管怎样，人们想象出来的尼斯湖水怪的形象一直流行于各类文学、电影和旅游介绍中。用水怪来吸引成千上万的游客前往美丽的尼斯湖，是一个再好不过的噱头。人们都想一睹水怪的风采，再不济也能买些周边纪念品。其中有不少游客相信尼斯湖水怪是真实存在的。

多年来已有数次目击尼斯湖水怪的记录被收集在档案馆中，但直到 1934 年，《每日邮报》才对外公布了人们期待已久的水怪照片。甚至相当长的一段时间后，大家才意识到这是一个骗局。《每日邮报》的记者马尔马杜克·韦特雷尔（Marmaduke Wetherell）虚构了一个摄影师的名字——R·K. 威尔逊（R.K.Wilson），并伪造了那张著名的尼斯湖水怪照：冰冷的湖水中探出一个蛇形脖子。即便如此，这场惊天骗局还是满足了神秘动物学家对尼斯湖水怪的幻想，即水怪是一种蛇颈龙，而这种生物自远古以来，一直生存在遥远的苏格兰尼斯湖中。从那以后，科学探险队就经常在尼斯湖潜水，但从未发现任何关于尼斯湖水怪的证据。

其实蛇颈龙的化石早已被玛丽·安宁发现……

"我们要找到它。"

这是两位来自东京的朋友向我告别时说的话。

因为2008年时，丝鱼川当地发起了一个

"捉拿槌之子"的赏金任务，只要找到一只活着的槌之子，

便可获得1亿日元（约合500万人民币）的赏金。

槌之子
The Tsuchinoko
（没有科学依据）

据了解，槌之子是一种蛇，它的身子比头宽，长着可以喷出毒液的尖牙。尽管在已有的记载中它是一种和平且孤独的生物，但看到它的画像时，还是不禁让人有些怀疑。传说中它的习性颇令人惊讶：除了睡觉时打呼噜，有时还会说话，而且善于说谎，甚至会酗酒。

根据日本民间传说，这种妖怪是在1400年前首次被发现的，但关于它的第一次目击记录则记载在8世纪成书的《古事记》[1]中。此外，还有一些其他的记载，比如更古老的绳文

---

[1]《古事记》是日本历史上第一部文字典籍，也是现存最早的日本文学著作之一，讲述了日本建国的神话传说，以及神武天皇到推古天皇的历史。

时期[2]的陶瓷图画上就有它的画像，一本成书于 8 世纪的百科全书上也描述了它长什么样子。槌之子的特征是全身布满鳞片，而且还会跳，可以跳一米左右的高度。不过，它最吸引人的特征还是可以吞下自己的尾巴，像一个环一样翻滚，但它只在攻击时采用这种圆环姿势，当它逃跑时，则像其他爬行动物那样全凭蠕动。

在日语中，"Tsuchinoko"意为"大地之子"或"槌之子"，听起来就像一个小孩的名字。之所以给它取这个名字，是因为它像小孩一样顽皮，而且总会做出一些令人困惑的举动，试图引起周围的注意，这也是它在日本人的集体想象中非常受欢迎的原因。其顽皮的个性让它在幻想动物里尤其受欢迎，因此它的形象经常出现在动漫、电子游戏中。比如在动漫作品《哆啦 A 梦》里，野比大雄就遇到过一条槌之子。另外，有的游戏里还参考现实为它设置了剧情：索尼的一款游戏里有一个奖励便是，只要玩家找到了槌之子就奖励 100 万日元（约合 5 万人民币）。

正因为有奖励，所以我有两个来自东京的朋友坚信可以在日本（除了北海道和冲绳群岛之外）找到槌之子。他们去丝鱼川探寻一番之后，还计划去黑泽川（Kurosawa），听说那里有人把一条槌之子埋了起来，只需要花 100 日元（约合 5 人民币）的门票，就可以在该地区"探秘真相"。这两个朋友还穿着一样的印花衫，上面印着"我相信"几个字。

---

[2] 绳文时期，属于日本石器时代后期，为公元前 12000 年至公元前 300 年。

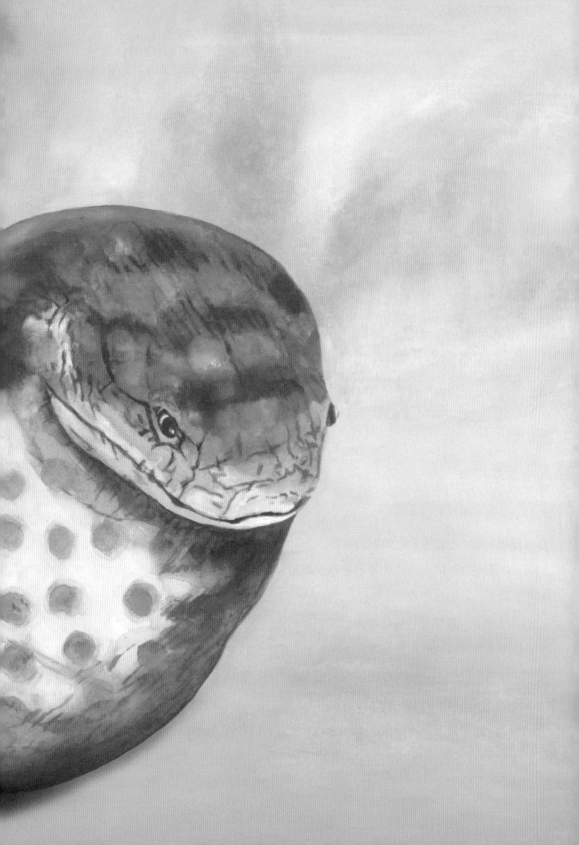

藏语里，"yeh"意为野兽，
而"teh"意为岩石区，
"Yeti"结合了二者的意思，成为一种传说。

雪人
The Yeti
（没有科学依据）

  雪人生活在高耸隐蔽的山区，据目击者称，这是一种两足行走的大型生物，全身都覆盖着毛发。不过关于它外貌的细节，会因发现地的不同而有所差异。

  不同地区的雪人，光是名字差别就很大。比如，俄国人和蒙古人称之为"阿尔玛"，在北美，人们称它为"大脚怪"，而在我们去寻找它的兴都库什山脉，那里的人称它为"巴尔马努"，意思是"强壮的人""肥胖的人"或"健壮的人"。虽然"巴尔马努"看起来也是毛茸茸的，但它身上散发着令人无法忍受的恶臭。

  我们选择来兴都库什山脉探索雪人的踪迹，是因为我们要跟随另一位寻找雪人的猎人乔迪·马格拉纳（Jordi Magraner）的足迹，他是一位自学成才的动物学家。他比任何当地人——无论是努里斯坦人、卡拉什人，还是居住在冲突地区的非政府组织成员，都更了解

巴基斯坦和阿富汗的山区。我们效仿他的方法，采访了生活在那里的隐居牧民，这些牧民信奉印度教，生活在草原牧场上。在海拔那么高的地方，基本上只有山羊、牦牛、捻角山羊和雪豹才能到达。关于当地的这些信息，在彼得·马蒂森（Peter Mathiessen）[1]的一本书中都有提到，书中记载了他和他的动物学家朋友乔治·夏勒[2]一起寻找雪人未果的相关经历。

古贾尔人[3]声称他们见过雪人，村子里还一直流传着它的故事，村民对其外观的印象从未变过。"那会儿它正蹲在我前面，它看起来很壮，留着一头到肩膀的长发。当它注意到我的存在时，捡起来一块石头，然后就离开了。"关于雪人的鼻子则"鼻头很大"，它的牙齿"不是很大，犬牙看起来没有兽类的大"……这类描述都很相似，虽然完全没有科学依据，但足够激励那些像米歇尔·佩塞尔（Michel Peissel）[4]一样的猎人去寻找它的踪迹。虽然米歇尔·佩塞尔并没有找到"大脚怪"，但他在中国西藏地区发现了一个新的马种。"他们发现了雪人的马。"这是当年法国《解放报》头条新闻的标题。虽说这并不是预期的结果，但不管怎样还是发现了一个新物种，这说明想象力在取得科学成就方面很重要。可以说，没有想象力的科学等于没有天才的科学。

"如果你再不睡觉，雪人就会来把你吃掉。"村里有的父母依然会用这种方式来劝孩子早睡。对于他们来说，怪兽是存在的，是真实的。

---

[1] 彼得·马蒂森（1927—2014 年），美国博物学家、作家。1978 年出版的作品《雪豹》记录了他与动物学家乔治·夏勒在喜马拉雅地区找寻雪豹的故事，该书曾获美国国家图书奖。

[2] 参见 73 页脚注。

[3] 古贾尔人，一个主要居住在印度、巴基斯坦和阿富汗地区的游牧民族，内部分为不同的氏族群。

[4] 米歇尔·佩塞尔（1937—2011 年），法国民族学家、探险家和作家。1995 年，其率领的探险队在中国西藏地区发现了类乌齐马。

大鹏

The Roc

（没有科学依据）

传说唯有蛆虫和雷声可以杀死大鹏。

在暴风雨期间，它会狂飞并冲向深渊，

但通常以悲剧收场。

除此之外，它几乎是无敌的。

"每个人都觉得它像一只鹰，但实际上，它比鹰大得多，度量它的蛋，要走12步才到头，宽得不成比例。它非常强壮，可以用爪子拎起一头大象，然后带到空中并丢下去，将其摔得稀烂，再飞下来把大象的尸体吃掉。"

这是马可·波罗在欧亚大陆旅行时听到的他人对大鹏的描述。水手辛巴达将其描述为船只破坏者；神灯精灵暗示阿拉丁，大鹏是所有精灵的主人，包括神灯精灵自己；伊本·白图

第3章 神话生物

泰（Ibn Battuta）[1] 将其描述为一座悬浮在空中的山。结合以上描述，毫无疑问，大鹏的体形是巨大无比的。另外，它还会用树干筑巢，用大象肉喂幼鸟。不光大象，河马、犀牛以及那粗壮如棕榈树一样的大蛇，都是成年大鹏菜单中的一部分。

大鹏生活在索科特拉岛[2]，这是一座属于也门的岛屿。据说，它们有时会消失。该岛屿是女巫、海盗、魔法师和亡灵巫师的乐土。除了拥有诸如红树脂（涂在罗马角斗士身上的树脂）、有药用价值的芦荟和珍贵的没药等宝藏之外，还有像索科龙血树[3]这样的瑰宝。

传说大鹏的羽毛是白色的，但有些人看到过有着棕色和金色羽毛的大鹏，还有人看到过红色的和黑色的。根据马可·波罗的描述，大鹏的捕猎技巧与秃鹫完全相同：大鹏用爪子抓住猎物飞至空中，当飞到足够高时，就会把猎物扔下去摔死。除此之外，大鹏还有另一种狩猎方法：它的头上有两个像匕首一样的角，可以用来刺穿猎物。但这并不是一个好方法，因为被刺穿的猎物常常会挂在大鹏的角上下不来，这样猎物的尸体会在其角上腐烂，滋生蛆虫，最后滑到大鹏的头上，蚕食大鹏的肉体。

传说唯有蛆虫和雷声可以杀死大鹏。在暴风雨期间，它会狂飞并冲向深渊，但通常以悲剧收场。除此之外，它几乎是无敌的。旅行家乔迪·埃斯特瓦（Jordi Esteva）告诉我们，他曾追踪过大鹏在索科特拉岛的踪迹，还向该岛上最后一位苏丹的孙子询问过大鹏的信息。如果你问他为什么很久以前就没有人看到过大鹏，埃斯特瓦会说："当人们不再相信它时，它就停止飞行了。"这似乎暗示着大鹏并没有灭绝，它能否再次飞翔，取决于我们人类。

---

[1] 伊本·白图泰（1304—1377 年），摩洛哥人，旅行家。约 20 岁时，他开启了长达 12 万千米的旅途，途经 44 个国家，1345 年曾游历中国广州、杭州等地。

[2] 索科特拉岛，是一块已经与大陆板块隔绝了 1800 万年的岛屿，长期的地理隔离使岛上拥有很多特有的动植物，2008 年被联合国教科文组织列入《世界遗产名录》。该岛还有着复杂悠久的历史：在古代，古印度人和古埃及人都曾到这座岛上获取珍贵药物；而到了近代，该岛则成为欧洲殖民者争夺的要塞；在现代，索马里海盗则把它作为燃油储存基地。

[3] 索科龙血树，是索科特拉岛上最有名的独特植物之一，其外观奇特，树冠呈倒伞形。传说古时巨龙与大象交战，巨龙血洒大地，后来从土壤中生出的便是龙血树。龙血树受到损伤时，会流出深红色的黏液，像龙血一般，因此得名。

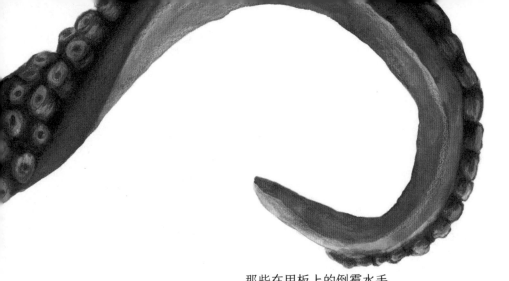

那些在甲板上的倒霉水手
会被无尽的可怕的触须缠住吊起，
然后扯入水中，
最后永远地消失在水下。

北海巨妖

The Kraken

（没有科学依据）

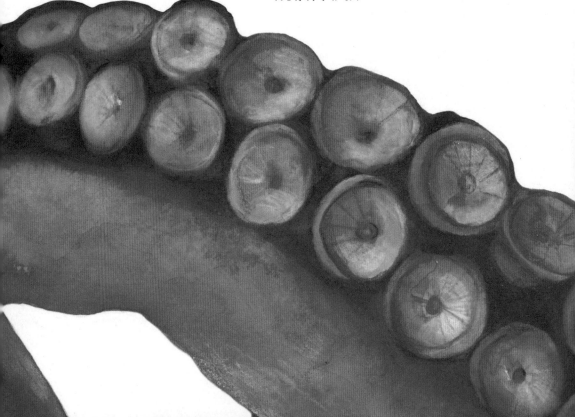

水手间流传着一个故事：深海里有一些巨大的海怪，如果不巧船钩撞上了它们，它们可以轻易地击沉渔船。只因喝多了朗姆酒，这些酒肆故事总显得有些荒唐，比如那些在甲板上的倒霉水手会被无尽的可怕的触须缠住吊起，然后扯入水中，最后永远地消失在水下。在古巴版的海怪故事中，这种海怪是一条长达 15 米的章鱼，有着硕大的会发光的眼睛，只要浪潮轻动就会出现。难道它就是传说中的巨型章鱼"克拉肯"（北海巨妖），还是《海底两万里》中攻击尼摩船长的头足类动物，抑或这种海怪只是一只巨型乌贼呢？

巨型乌贼是本书介绍的动物之一[1]，但它并不是存在于想象中的生物，而是真实存在的（尽管各类海洋科学潜水器都很难发现它）。由于章鱼和乌贼在解剖学上有相似之处——它们都是拥有突出的头部和杂乱触须的软体动物，所以，事实很有可能是，一些人在海滩上发现了垂死的巨型乌贼后，没辨认出来，然后幻想出一条能够吞噬船只和人类的巨型章鱼。

当然，如果没有科学家站出来科普一番，那这些口耳相传的故事就会把人们的某些偶然经历（偶然遇到或捕捉到巨型乌贼）夸张成一场史诗般的戏剧。传说，如果这些巨型海怪被网或钩缠住，它们会使用强有力的吸盘和带有锯齿的强力触手进行反击，船只说翻就翻。如果有水手在悲剧中死去，就一点也不奇怪了（毕竟船都翻了）。随着时间的推移，这些巨型章鱼的神话逐渐成形。而儒勒·凡尔纳（Jules Verne）[2]的科幻小说和 20 世纪恐怖电影的出现，更是让北海巨妖的形象得以进一步强化。

在电影《深海怪物》（1955 年上映）中，定格动画大师雷·哈里豪森（Ray Harryhausen）将巨型章鱼描绘成了人类的巨大威胁。在各类冒险电影中，不管这只北海巨妖是手工制作的模型，还是电脑生成的特效，都会攻击那些毫无防备的前往海底寻宝的潜水员。之所以大家选择了章鱼而不是鱿鱼作为各类作品中北海巨妖的原型，也许只是因为前者更符合大众审美。

可以说，北海巨妖只存在于维京人和渔夫的故事里。在现实世界中，有记录的最大的章鱼不超过 4 米，而且它们更喜欢"躲"在浅水域，大概是为了躲避"北海巨妖"的攻击吧……

---

[1] 参见 60 页"大王鱿"。

[2] 儒勒·凡尔纳（1828—1905 年），法国小说家、剧作家、诗人。代表作为《海底两万里》《神秘岛》《格兰特船长的儿女》等，与赫伯特·乔治·威尔斯（Herbert George Wells）并称"科幻小说之父"。

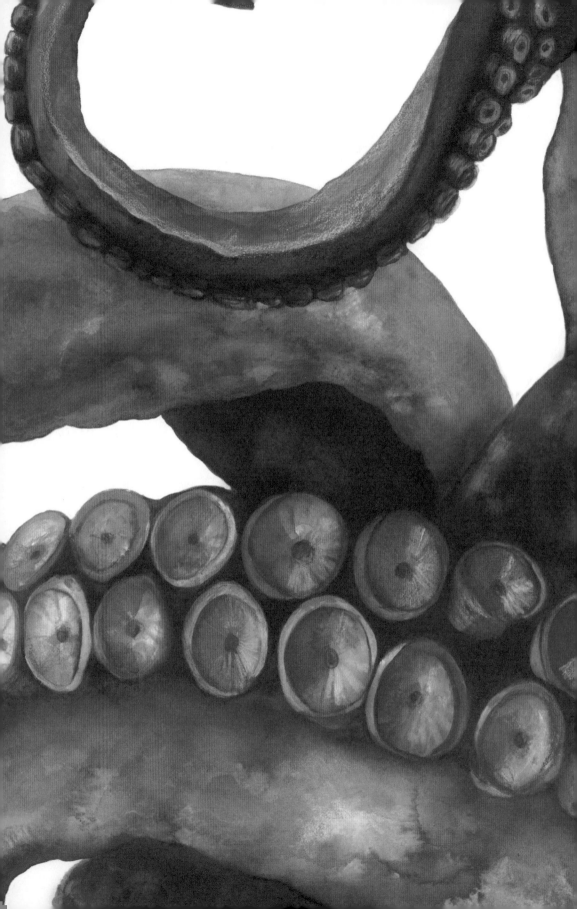

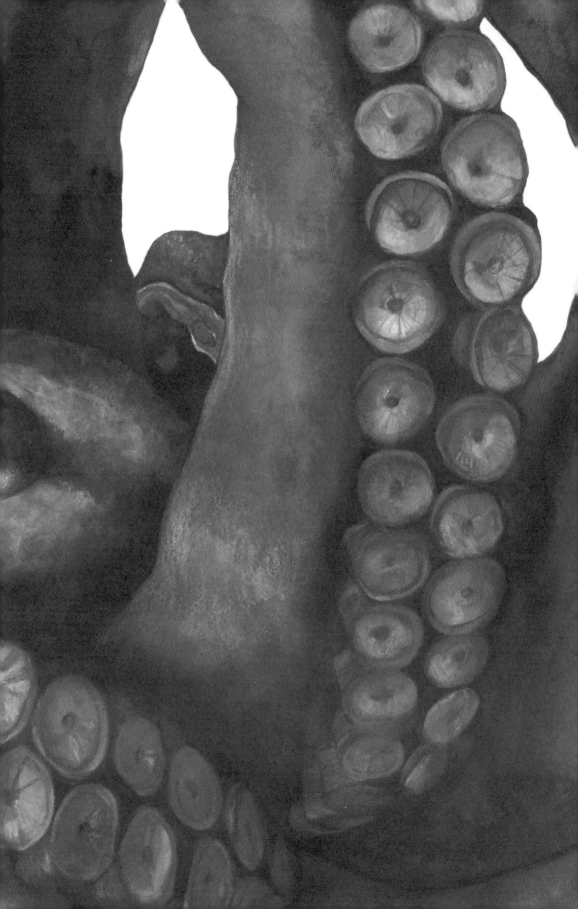

所有的生存技能：

狩猎、生火和准备食物，

都是又高又瘦的米米人教给他们的……

米米人

The Mimi

（没有科学依据）

我们的"陆地巡洋舰"（越野车）正以最高时速行驶在阿纳姆地[1]的路上，一路红色尘土漫天飞扬。无他，只为跟上乔的车，乔是政府的人，车开得贼快。这一路狂飙，几乎和电影《疯狂大赛车》里的场景一模一样，如果不是我们放慢速度，这场"比赛"还将继续下去。但距离目的地北领地[2]还远，我们不想开那么快了，一来担心安全，二来觉得慢下来享受旅途过程更为重要。在澳大利亚和雍古人（Yolngu，阿纳姆地的原住民）待上一阵后，我们便开始了这段旅途，想要寻找那些留存了几十年、几百年，甚至几千年的

---

[1] 阿纳姆地，位于澳大利亚北海岸线的半岛地区，该地区土地辽阔，海岸线绵长，一直为澳大利亚原住民所占有，因保留了独特的、原汁原味的原住民文化艺术而闻名于世。

[2] 北领地，地处澳大利亚大陆中北部，是直属于澳大利亚联邦政府的内陆领地之一。

原住民岩画。正当我们获得了布鲁斯·查特文（Bruce Chatwin）在《歌之版图》（*The Songlines*）[3]中的感受时，旅途的平静突然被打破了："陆地巡洋舰"撞上了一只袋鼠，袋鼠被撞后一动不动地躺在了路中间。

这让我想起来几周前，在加普维亚克（Gauwiyak，阿纳姆地的原住民社区）附近，一位萨满巫师用一种"X射线绘画"手法描绘了另一只袋鼠。之所以称之为"X射线绘画"，是因为这位萨满巫师用天然的涂料不仅画出了这只有袋动物的外形，还画出了它的内脏。在那片绘画用的桉树皮上，他用简单的方式做了一些象征性的仪式。毋庸置疑，这些"仪式"的灵感不仅来源于班加纳家族（the Bangana）的日常，也来自雍古人中的狩猎采集者（主要采集苏铁叶、桉树叶、蛇和蜘蛛）。这些古老的游牧民族，虽然生活定居点附近有各类商店、电话亭、学校、公司以及补贴办公室，但他们还是会带着长矛、司机和步枪外出打猎。如果猎到了一只袋鼠，他们就会用外科医生般精湛的解剖技术，剖开它的内脏，然后生火烹饪。这些生存技能都是祖先教给他们的。而这些祖先非同常人，正是瘦瘦高高的米米人。

如今我们是看不到米米人的，因为它们都藏起来了。传说，米米人的身子骨非常瘦弱，一阵风吹来都可以把它们腰斩。所以，它们把这些生存的智慧教给当地人后，立马躲进了岩石缝里。大约5万年前或更早的年代里，澳大利亚的原住民在那些岩石上进行各类"X射线绘画"，在他们的画中有红大袋鼠、小袋鼠以及其他动物。后来，欧洲殖民者来了，赶走了原住民。从那时起，原住民也躲了起来，将他们的神话世界转移到树皮上。而那些岩石上，和我们在诺尔朗吉和乌比尔看到的岩石一样[4]，展示着米米人的生活画像，这些米米人一直活在原住民的记忆里。

壁画上的米米人有着人形的模样，又高又瘦。随着迪吉里杜管[5]的吹奏，圣歌的吟唱，舞蹈的节奏，在噼里啪啦的篝火与火把的映照下，岩石浮雕上的米米人不知怎么开始移动了，就在澳大利亚第一批定居者的眼前，移动了。

---

[3] 在澳大利亚的原住民创世神话中，不同的图腾祖先唱着不同的歌谣，这些歌谣对应着不同的土地，祖先用歌谣划分出土地的边界和归属。欧洲人称之为"梦幻小径"或"歌之途"，而原住民则称其为"祖先的足迹"或"大道"。英国传奇作家布鲁斯·查特文为此传说着迷，于是穿越澳大利亚，写下了《歌之版图》这部游记。

[4] 诺尔朗吉和乌比尔岩画是澳大利亚最大的国家公园卡卡杜国家公园的著名景点，在当地的原住民岩画中极具代表性。

[5] 迪吉里杜管，澳大利亚原住民部落的传统乐器，是世界上最古老的乐器之一。

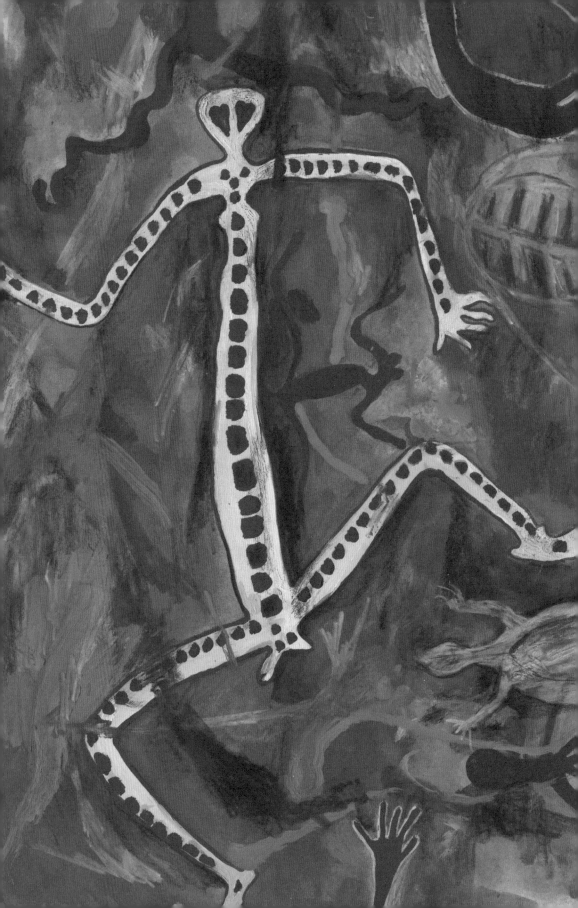

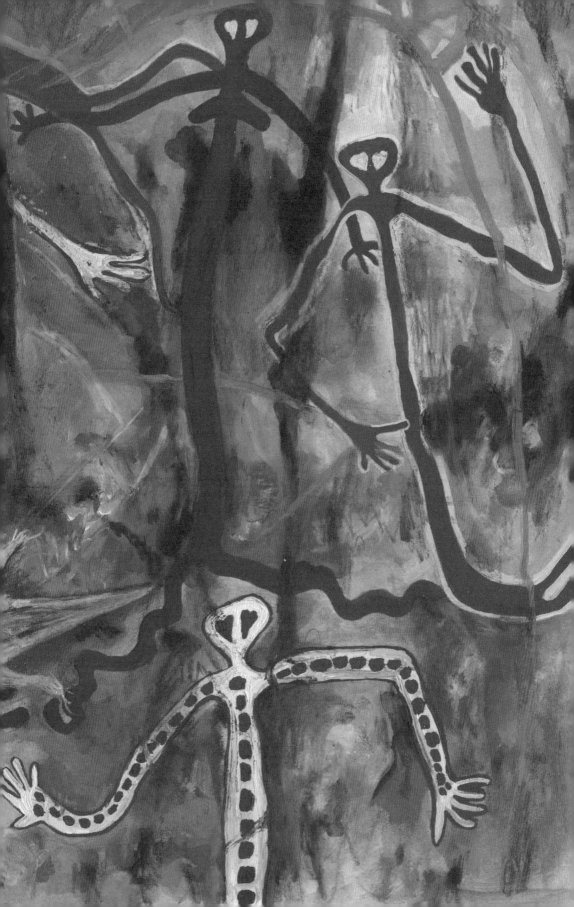

飞蛇是不会轻易被人看到的，
更别说被拍到了。
科学就是这样，
如果没有相关的观察记录，
我们并不能证明它的存在。

飞蛇

The Flying Snake

（没有科学依据）

第3章 神话生物

本书的主题是"看不见的动物"，这些动物主要分为两类：一类是真实存在的，还活在这个世界上的或已经灭绝的动物；一类是虚构的神话动物。然而，在经历了无数次探险后，我们听说了一个故事，这个故事和一种神秘动物有关，但这种神秘动物让人感觉非常真实，仿佛它是一种活生生的动物，尽管我们没人见过它。但遗憾的是，它终归是一种被人们幻想出来的动物——飞蛇。

约旦的瓦地伦[1]是一片梦幻般的沙漠。小时候，在图书馆里翻看《阿拉伯的劳伦斯》的剧照时，我总会幻想那片沙漠。即使在今天，当我漫步在瓦地伦那些沙丘的岩石之间，寻找岩石雕刻时，脑海中还是会回响起这部传奇电影的配乐。贝都因人对劳伦斯的评价褒贬不一，有人觉得他是一个叛徒，有人觉得他只是被西方势力欺骗了。无论如何，撇开争议不谈，探索"月亮谷"最隐秘的角落绝对是一件令人无比开心的事。

有一天，我和贝都因人聊天，当聊到过去在侯赛因部落经常看到的羚羊、鬣狗和野山羊（现在它们只出现在古代洞穴的壁画中）时，他们提到了飞蛇。在沙漠里有几种真实的蛇，看起来像从火星来的，别管蛇有没有毒，它们的行踪都难以捉摸，很难看到。不久前，我在第一次去非洲探寻的路上，不小心踩到了一条黑曼巴，自那以后我似乎就和最毒的蟒蛇达成了某种"人不犯我，我不犯人"的默契。这种默契一直延续到了瓦地伦，或许这正是我没看到飞蛇的原因。

带队的马哈茂德说他是约旦最有经验的导游之一。他说飞蛇作为一种爬行动物，也会抬起身体的上半部分来攻击猎物或侵略者，住在沙漠里的本地人也这么说。但就像马哈茂德手机里没有盘绕毒蛇（童话故事里的神秘毒蛇）的照片一样，飞蛇是不会轻易被人看到的，更别说被拍到了。科学就是这样，如果没有相关的观察记录，我们并不能证明它的存在。侯赛因部落的一位祖母——作为贝都因人的后裔，曾在阿拉伯反抗奥斯曼帝国的战争中战斗过，她讲了一个关于飞蛇的故事，她说飞蛇的翅膀足以让它飞过带有单峰骆驼的商队和游牧帐篷。也许，沙漠里的人不需要区分真实和神话。

---

[1] 瓦地伦，又译作瓦迪拉姆，别名"月亮谷"，位于约旦西南部，著名旅游景点。在阿拉伯语中，其名意为"酒红色山谷"，因其红色沙地在日落时显示出红酒般的颜色而得名。该地区现为游牧民族贝都因人的世居与游牧地。1917年阿拉伯大起义期间，有"阿拉伯的劳伦斯"之称的英国军官托马斯·爱德华·劳伦斯在此地与阿拉伯领袖议定反抗奥斯曼帝国的统治，但关于劳伦斯的政治评价褒贬不一，存在较大争议。电影《阿拉伯的劳伦斯》便记录了他的相关事迹。

"卓柏卡布拉是互联网出现后的第一个怪物。"
一位相关人士说。

卓 柏 卡 布 拉

The Chupacabras
（没有科学依据）

　　1995 年，卓柏卡布拉第一次被发现，关于它的来历有很多种说法，有人说它是一个外星人，有人说它是一只大蝙蝠，还有人说它是一个基因突变或失败的实验体——总之它很丑就对了。重点是，它的名声传播得非常快，地位大概相当于拉丁美洲的大脚怪了。卓柏卡布拉发现于波多黎各，事发地有 8 只羊死亡，每只羊胸口都有 3 个伤口。没过多久，一位妇女声称自己在卡诺瓦诺斯（Canovanas，波多黎各东部的小镇）亲眼见到了它。在被这位妇女目睹之前，卓柏卡布拉已经杀死了 150 只动物。所有这些被攻击的动物都有一个共同特征：它们体内的血被吸干，身体呈现出惨白色。

　　波多黎各的喜剧演员西尔维里奥·佩雷斯（Silverio Perez）给这种新发现的"吸血鬼"取名：卓柏卡布拉。自此，卓柏卡布拉的传说流传开来，目击事件也逐渐增加，目击地点遍布整个中美洲。通过目击者的描述，我们可以大致归纳出卓柏卡布拉的外形：一个类似于小熊的两足动物，却长着爬行动物的外表，有着皮革的质感，抑或是身披鳞甲，从颈部到尾巴有一排尖刺，尖牙利爪自然也少不了。但随着传说的流传越来越广，从一个国家到另一个国家，关于卓柏卡布拉外形的描述也发生了一些变化。这就是口耳相传的坏处，传着传着总会丢失或增添一些信息，当然也有可能是翻译惹的祸。就这样，到了 2000 年，卓柏卡布拉已经从原本的两足动物变成了四足动物。

后来，一些专业人士介入调查，但怎么都找不到卓柏卡布拉——无论活的还是死的，它们要么被猎人杀死后，尸体被处理了，要么就是被秃鹫吃了……至于为什么卓柏卡布拉是两足站立的，"持怀疑态度"的调查员本杰明·雷德福（Benjamin Radford）认为，波多黎各人所描述的卓柏卡布拉，其外形源于科幻电影《异种》，片中也有一个类似的怪物，名叫塞尔。

不管真相如何，卓柏卡布拉已演变成为一种流行文化，它的身影不断出现在小说、电视和电影中。在美国得克萨斯州库埃罗县发生过几次卓柏卡布拉的目击事件后，当地人将它作为图案印在 T 恤上，还考虑把它作为城市吉祥物。"我认为卓柏卡布拉是互联网出现后的第一个怪物。"一位相关人士说，"初次目击发生在 1985 年，当时有少数人听说了这件事，但并没有传到世界各地。"

而专业人士调查得到的相关证据，将卓柏卡布拉的真正原型指向了一些带疥癣的动物，比如野狗、土狼或者狐狸。由于生病，这些动物都没有较长的毛发，全身皮肤几乎是黑的，只有少部分皮肤是红色的，而且身上有多处伤口，这些伤口都是因为皮肤瘙痒挠出来的。因为这些动物身患疾病，不便行动，所以更喜欢捕杀那些圈养的动物，牲畜自然成了目标之一。

疥癣是一种由螨虫引起的皮肤病，它们和人类共存了数千年，对人类没有致命的威胁，但对犬类来说却不一样。有一种可能是，人类将螨虫传给了宠物狗，而宠物狗又将其传给了野生动物。简而言之，卓柏卡布拉可能是我们自己"创造"出来的怪物。

这种"人造怪物"不仅存在于美洲，也存在于世界各地。20 世纪 90 年代，居住在西班牙赫罗纳省的牧羊人佩普向我们展示了一张照片，照片里是一只死掉的山羊，山羊的尸

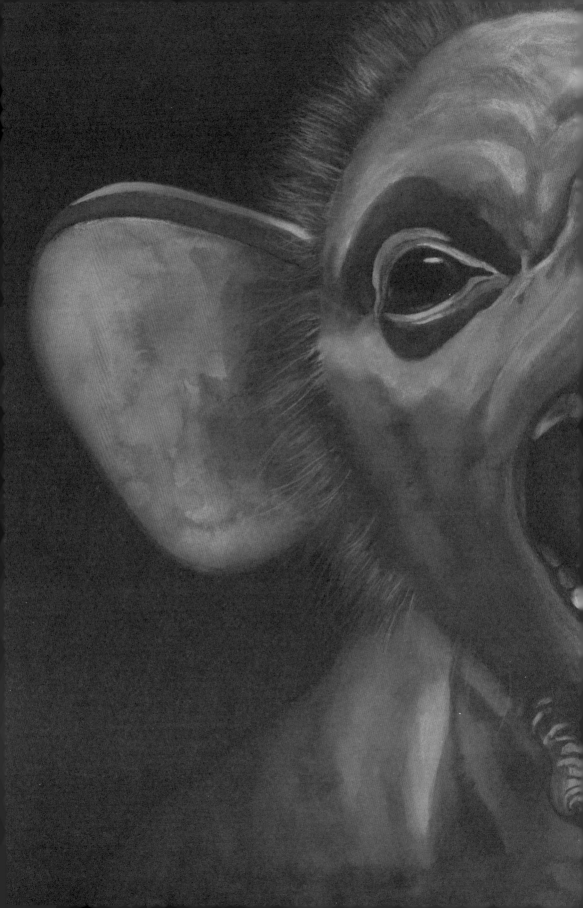

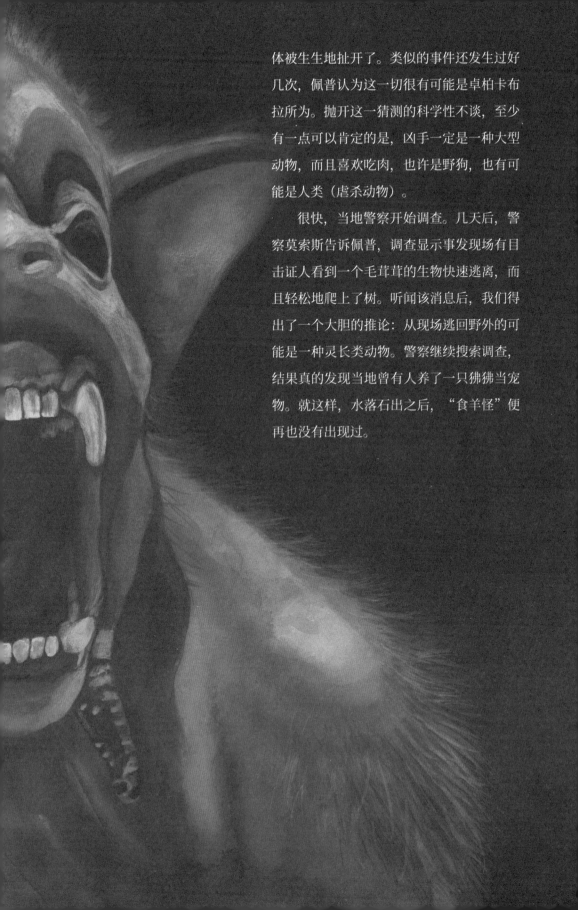

体被生生地扯开了。类似的事件还发生过好几次，佩普认为这一切很有可能是卓柏卡布拉所为。抛开这一猜测的科学性不谈，至少有一点可以肯定的是，凶手一定是一种大型动物，而且喜欢吃肉，也许是野狗，也有可能是人类（虐杀动物）。

很快，当地警察开始调查。几天后，警察莫索斯告诉佩普，调查显示事发现场有目击证人看到一个毛茸茸的生物快速逃离，而且轻松地爬上了树。听闻该消息后，我们得出了一个大胆的推论：从现场逃回野外的可能是一种灵长类动物。警察继续搜索调查，结果真的发现当地曾有人养了一只狒狒当宠物。就这样，水落石出之后，"食羊怪"便再也没有出现过。

美丽的帕耳忒诺珀引起了众神的嫉妒，

阿佛洛狄忒把她变成了半人半鱼的海妖。

她潜入大海，寻找她的爱人奥德修斯。

海妖[1]

The Siren

（没有科学依据）

1787 年 3 月 23 日，歌德在他的书《意大利游记》中赞美了那不勒斯湾的壮丽景色。这段描写原本是很无聊的，但因为一个男孩的出现，让其得以升华。书中写道，不久前，这个男孩被歌德"激烈"地斥责过，因为当这位来自北方的伟人正在优雅地记录维苏威火山[2]的考古宝藏时，这个来自南方的小子居然淌着一脸鼻涕在那儿大声笑闹，歌德很难理解这种"格格不入"。此外，他脚下的城市也显得有些混乱、肮脏，空气中弥漫着油炸食品的味道，到处都是游手好闲的人。但很快，这位德国自然学家兼作家就会被帕耳忒诺珀

---

[1] 海妖，也译作海妖塞壬，在神话中为三姐妹，是半人半鱼的怪物，会用天籁般的歌声诱惑路过的航海者，三姐妹中的老大名为帕耳忒诺珀，她深爱着英雄奥德修斯。

[2] 维苏威火山，位于意大利南部那不勒斯湾东海岸，海拔 1281 米，是世界著名的火山之一，被誉为"欧洲最危险的火山"，世界上最大的火山观测所设于此。

的魅力所吸引，重新认识这座城市。"先生，请原谅我！这是我的家乡！"男孩情绪激动地说道，他打断了歌德的斥责。男孩虽然一无所有，却为自己的家乡感到骄傲，歌德看到男孩的脸上有一滴泪珠。

此刻，我也身处那不勒斯，也被这座美丽城市人民的热情所感染，他们谈论着自己的城市以及海妖。帕耳忒诺珀在那不勒斯的影响可以说无处不在、源远流长，从古希腊时期，到罗马时期，再到歌德所在的古典时期，不论何时，来过这里的人都会因她爱上这座城市。

在神话故事中，美丽的帕耳忒诺珀引起了众神的嫉妒，阿佛洛狄忒[3]把她变成了半人半鱼的海妖。帕耳忒诺珀潜入大海，寻找她的爱人奥德修斯。奥德修斯早已得知一个传说：如果被海妖的歌声魅惑，就会堕入深渊。于是他命令手下把他绑在船桅上，因为他想看看海妖的美丽身姿，听听她的歌声，但又不想被海妖拖进海里，所以将自己固定在桅杆上。他不知道的是，帕耳忒诺珀为爱而唱。当奥德修斯的船经过时，帕耳忒诺珀压低了自己的声音，而结局是她被淹死了，这是她的歌声无法诱惑到水手必须接受的惩罚。

帕耳忒诺珀的尸体被冲上岸，被渔民所埋葬。在那里，他们为她建了一座神庙，后来在周围建了一座城镇，并以她的名字命名。再后来，希腊人在那不勒斯湾上岸后，在离城镇很近的地方建立了一个殖民地，将其命名为"那不勒斯（新城）"。这就是那不勒斯这座城市的由来。

在圣纳扎罗广场（Plaza of Sannazaro），柏油马路上车流穿行，在离大海不远处，有一处喷泉，中央立着一座人鱼石雕像，它正是帕耳忒诺珀。它的灵感不是来自迪士尼的故事，也不是哥本哈根的小美人鱼[4]，也不是真人电影《美人鱼》。对于那不勒斯人来说，这是一个海妖，一个真实的存在，就像观念艺术家乔安·方库贝尔塔（Joan Fontcuberta）在其艺术项目《海妖》中创造的水猿化石一样"真实"[5]。但对于身处大海的水手们来说，海妖将永远生活在未知之中。也许，那些又饥又渴的遇难者，在精神错乱和幻觉之间，把他们脑海中叮当作响的声音与鲸鱼、海豚、海豹和海狮的歌声混淆在一起了，而这才是深海中真正的海妖之歌吧。

---

[3] 阿佛洛狄忒，爱与美的女神。

[4] 此处指丹麦童话作家安徒生的作品《海的女儿》中的美人鱼。

[5] 西班牙著名观念艺术家乔安·方库贝尔塔在其系列作品《海妖》中，设置了一堆"美人鱼假化石"，然后拍下照片，讲述了这种名为"水猿（Hydropithecus）"的生物是如何被神父琼·丰塔纳（Father Jean Fontana，乔安·方库贝尔塔虚构的人物）发现的。

如果可以让研究的一块块化石复活过来，
我猜有些科学家愿意向恶魔出卖灵魂。

魔克拉姆边贝

The Mokele-mbembe

（没有科学依据）

第3章 神话生物

在我们撰写这本书的时候，"迪皮"（卡内基梁龙骨架）的展场已经被另一只巨兽——一头蓝鲸的骨架所取代。在英国，这具就像"铁娘子"和滚石乐队一样出名的梁龙骨架由安德鲁·卡内基（Andrew Carnegie）[1] 赠送，在全英国进行了巡回展示，经过一段漫长的旅程才回到家——伦敦自然史博物馆的大厅。

不过，"迪皮"只是一件复制品。梁龙原始的化石骨架发现于 19 世纪末，地点在美国怀俄明州。企业家及赞助人安德鲁·卡内基购买了这具骨架，并将其安排在匹兹堡展出，同时资助制作了一副等比大小、相当昂贵的石膏模型。该模型于 1905 年在英国首都伦敦首次亮相展出，场面极其盛大。不久，欧洲其他博物馆纷纷表示，自己也想有一个这样的蜥脚类明星，于是卡内基又制作并赠送了几个副本模型。现在，无论是在伦敦、柏林、巴黎、马德里，还是在拉普拉塔（阿根廷布宜诺斯艾利斯省省会），当你靠近这只巨兽，看到它那长达 22 米的骨架、蛇一般的尾巴、超长的脖子和相比身躯略显小巧的头时，都能感受到恐龙时代的魅力。

如果可以让研究的一块块化石复活过来，我猜有些科学家愿意向恶魔出卖灵魂。正是对恐龙复活抱有幻想，我们才会被《侏罗纪公园》中最令人难以忘怀的场景震撼到：当古生物学家艾伦·格兰特和艾丽·塞特勒看到第一头活恐龙（梁龙）时，他们的眼睛睁得大大的，一身鸡皮疙瘩，兴奋之情无以言表……如果我们在现场，想必也是一样的反应。

如今，还有没演化成鸟的恐龙活着吗？

在非洲大陆上不仅发现过恐龙化石，在西非和中非还有这么一则传言：在那里有一种神秘的生物，叫作魔克拉姆边贝（在不同的地区有不同的名称）。这种生物非常庞大，长着一条像鞭子一样的尾巴和长长的脖子。有探险家几次打着科学的名号进行探索，发现了一些奇怪的足迹和现象，但从未找到过魔克拉姆边贝的骨骼，更别说拍到清晰的照片了。那些探险家想知道这种动物到底长什么样，便拿了不同动物（现存动物和灭绝动物都有）的照片给当地人看，问他们哪种动物长得最像魔克拉姆边贝，当地人指着梁龙的照片说："它最像。"于是乎，探险家们多了一份希望：和"迪皮"相似的大家伙仍生活在非洲。

---

[1] 安德鲁·卡内基（1835—1919 年），苏格兰裔美籍实业家、慈善家，卡内基钢铁公司创始人，被誉为"钢铁大王""美国慈善事业之父"。在《福布斯》公布的"美国史上 15 大富豪"排行榜中位列第二。

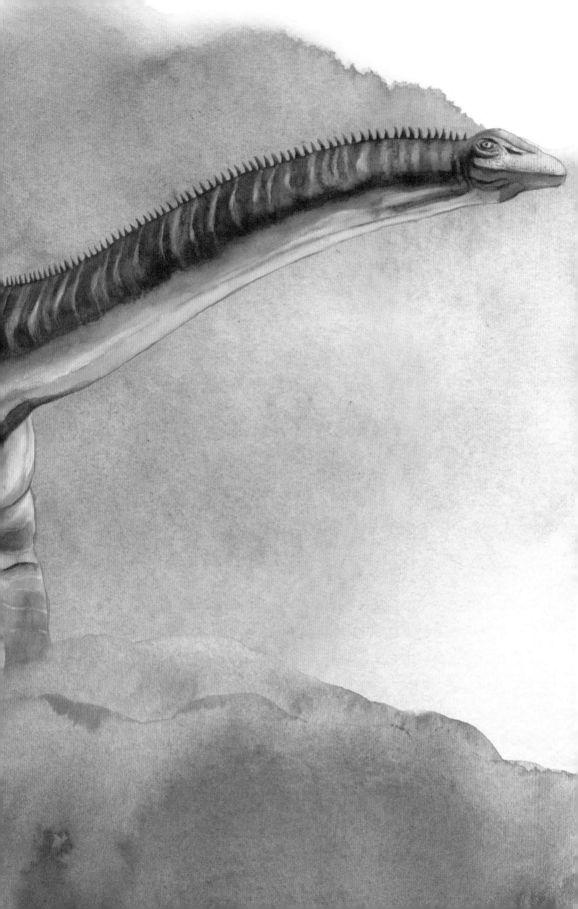

"在印度有一种野驴，

和马一样大，

甚至比马还大。

它们的头是暗红色的，

眼睛是深蓝色的，

额头上有一个长约半米的角。"

这是关于独角兽最早的记述。

独角兽

The Unicorn

（没有科学依据）

关于独角兽的起源，最早是由希腊历史学家克特西亚斯（Ctesias）在书中提及。这位历史学家并没有去过印度，只是听闻了一些公元前4世纪的野兽故事，并将其记述了下来。其中有一种动物，据说在奔跑过程中会加速，头部有角可做药用，可以治疗所有的中毒反应。

有人怀疑它是羚羊，证据是约公元前600年的亚述和巴比伦浮雕上描绘的正是一种头部有独角的有蹄动物；也有人说它是另一种动物——当时还没有正式的名字，现在我们称之为犀牛。

不管是什么，罗马哲学家克劳迪奥·阿利亚诺（Claudio Aeliano）又给了一种新说法，说它更像一匹巨马，其毛色深棕，蹄子厚重，尾巴则像山羊。老普林尼[1] 虽无法证实这一说法，但也支持前者的描述。

后来，关于独角兽的传说越来越玄乎。阿拉伯人称它的角可以刺穿大象，基督教徒则说它体形太大，不能上诺亚方舟，只能在洪水来了之后尾随着诺亚方舟游泳。《圣经》里也提到了独角兽，神话传说的创作者则宣称可以捕捉到它，但需要一些特定条件——要让少女在森林里等它，当它看到少女，便会躺倒在她身边，并将角枕在她的膝盖上，然后入睡。不过，理想越丰满，现实越骨感。这种田园诗般的理想主义，导致马可·波罗在遇到"独角兽"（苏门答腊犀牛）时格外失望，因为他发现它是"可怕的野兽，和我们过去的想象和描述并不一致"。

与此同时，神话般的独角兽让骗子有利可图，伪造的独角兽角越来越多，专家鉴定后发现有的是"真角"（猛犸象的牙齿），有的是来自北方的"假角"（极寒水域的独角鲸的角）[2]。

随着科学的进步，证据的缺乏导致独角兽存在的可信度越来越低，而用其角做药方的行为也遭到越来越多的质疑。1741 年，某位医生开出了最后一份含独角兽角粉的药方。1930 年，奥德尔·谢波德（Odell Shepard）[3] 写了一篇关于独角兽的论文，这是独角兽最后一次登上学术论文。几年后，科学家确认了把角从一种动物移植到另一种动物上是不可能的，这大大增加了独角兽是人类创造的——当然只是由大脑创造的可能性。独角兽是人类幻想出来的最古老的神话动物之一。也许，它会是最早被创造的，也是最晚消失的神话动物。

---

[1] 老普林尼，全名盖乌斯·普林尼·塞孔都斯（Gaius Plinius Secundus，23 或 24—79 年），古罗马伟大的作家、政治家、博物学家，其所著的科学巨著《自然史》，是西方经典古籍，也是人类最早出版的博物学著作，在古代世界影响巨大。

[2] 此处的真假标准为：猛犸象已灭绝，更具神话性；独角鲸则依然存在。

[3] 奥德尔·谢波德（1884—1967 年），美国作家、诗人和政治家，曾获普利策奖。

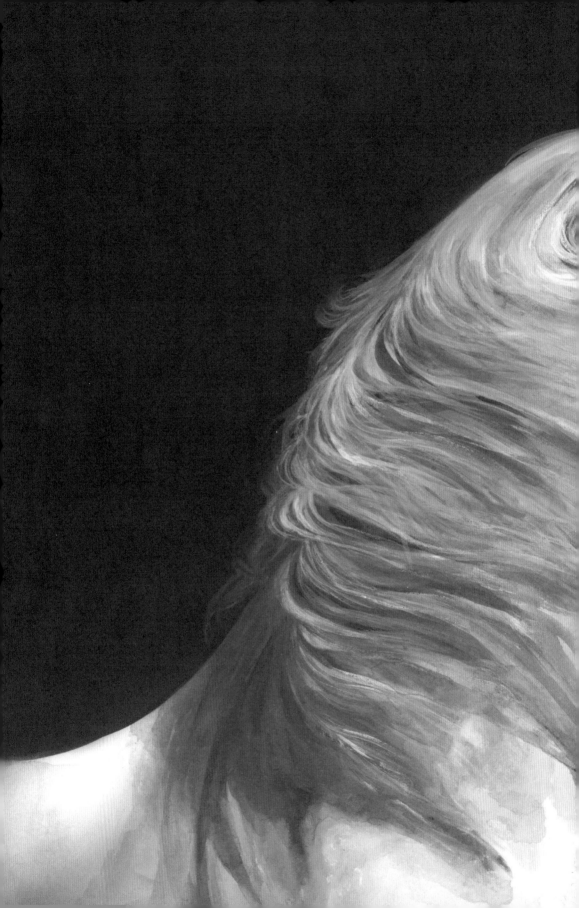

第4章 更多的生灵

有时候，

我们认为一些看不见的动物只存在于神话中，

但当我们发现它们真实存在，

并能发出怒吼或超声波时，

我们会感受到一种特别的欣喜，

比如白鲸、腔棘鱼和爪哇犀牛。

真实存在的它们能改变我们的某些刻板印象。

即使在极端条件下，也可能会有生命存在。

黑绵羊就是一个例子，它能改变某些词汇的固有含义。

几维鸟、非洲野犬是地球的瑰宝，但也不能忽视其他关键物种，它们的存在对其他生物至关重要，比如蜜蜂，作为全球生物多样性的守护者，正以比哺乳动物快8倍的速度消失；如果全球气温上升超过2℃，大堡礁几乎将完全消失。蜜蜂和珊瑚代表了所有美丽而隐秘的生命，它们质问着我们：从现在开始，我们应该采取怎样的行动？

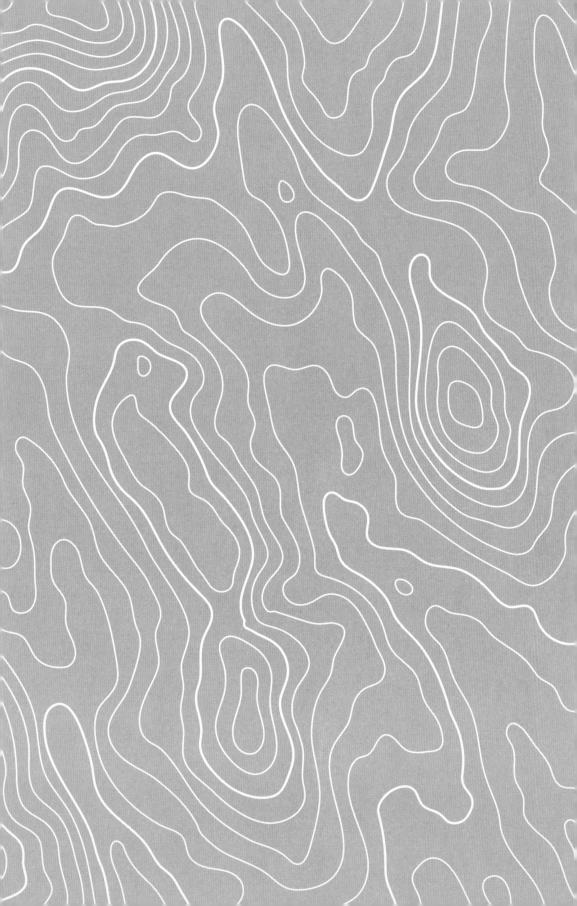

一开始，
他们梦想着发现传说中的大象墓地，
据说那里有数百吨的白色"黄金"——象牙。

非洲草原象

Loxodonta africana

（布鲁门巴赫，1797）[1]

它被打中了！在非洲之巅乞力马扎罗山上，一头愤怒又疑惑的母象望向了开枪的人，没过多久，它倒下了。在坦桑尼亚和肯尼亚边境的锡尼亚（Sinya）平原上，已有无数的大象被猎杀。最早的猎象人都是白人。一开始，他们梦想着发现传说中的大象墓地，据说那里有数百吨的白色"黄金"——象牙。不管是优雅的赌场、西方豪宅里的台球桌，还是精英外科医生的手术刀刀柄，抑或是音乐厅、大剧院里的钢琴键，这些人类社会的声望之物都需要象牙来构成。最终，人类发现大象墓地并不存在。渴望、贪婪、欲望与对动物行为

---

[1]1797年，布鲁门巴赫为非洲草原象命名。

的无知交织在一起，正如我们所见，无知是假传说的源头，但人类不会因此停止，如果科学证明大象没有坟墓，那么"伟大"的智人就决定给它们创造一个。

在 20 世纪上半叶的档案照片中，我们可以看到非洲大草原上布满了巨型哺乳动物的尸体，这些数不尽的腐烂肉体上唯独缺少了最珍贵的象牙——这就是屠杀。这一切归咎于象牙贸易，但其根本还是因为人类的虚荣心和优越感。一个人杀死一头大象（非洲草原象的亚洲表亲也难以幸免）会得到独特的快感，毕竟它是地球上最大的陆生动物。让一个身高超过 3 米、重达 6 吨的目标倒地是什么感觉？是打破纪录的满足感，还是某种展示男子气概的方式或表达？

大象是一种能在镜子里认出自己、意识得到自己的存在、意识得到自己有亲戚和朋友的生物。已有无数鲜活的例子，证明它们试图挽救受伤或生病的同伴。当同伴死去，它们便会在尸体周围哀悼。甚至在迁徙归来后，它们还会回去探望同伴的遗骸。它们会哀悼每一个死去的同类，包括那些被人类杀死的。

在锡尼亚，我们遇到的这头非洲草原象非常幸运，它被射了一枪，但那不是猎人的枪，而是兽医的麻醉枪。射击它是为了给它安装全球定位系统（GPS）项圈，以便于人们更好地调查和保护这些长鼻动物。最初是像辛西娅·莫斯（Cynthia Moss）[2] 这样的科学家在研究和保护非洲草原象。现在，坦桑尼亚当地的科学团队和非洲其他的科学团队也在从事保护非洲草原象种群的工作。但问题是，只要还有接受象牙交易的国家，只要还有大象偷猎者存在，再加上自然栖息地日益减少，这种大型陆生动物的生存境地就会继续受到威胁。

在乞力马扎罗山的阴影下，我们这群由动物学家、护林员和调查员组成的专业团队正与时间赛跑，试图移动这头沉重的非洲草原象。我们捋直了象鼻，以免它缠绕、堵塞，影响大象的呼吸。在这头大象被淤泥覆盖的皮肤皱褶之间（此处是一个巨大的陆生动物饲养器），我们看到一只小小的爬行动物正在移动。事实上，除了乞力马扎罗山，任何事物和非洲草原象相比，都显得如此渺小，尤其是我们人类。

---

[2] 辛西娅·莫斯，美国动物行为学家、环保主义者、野生动物研究员和作家，从事非洲草原象研究与保护工作 50 余年，在国际上享有盛誉。

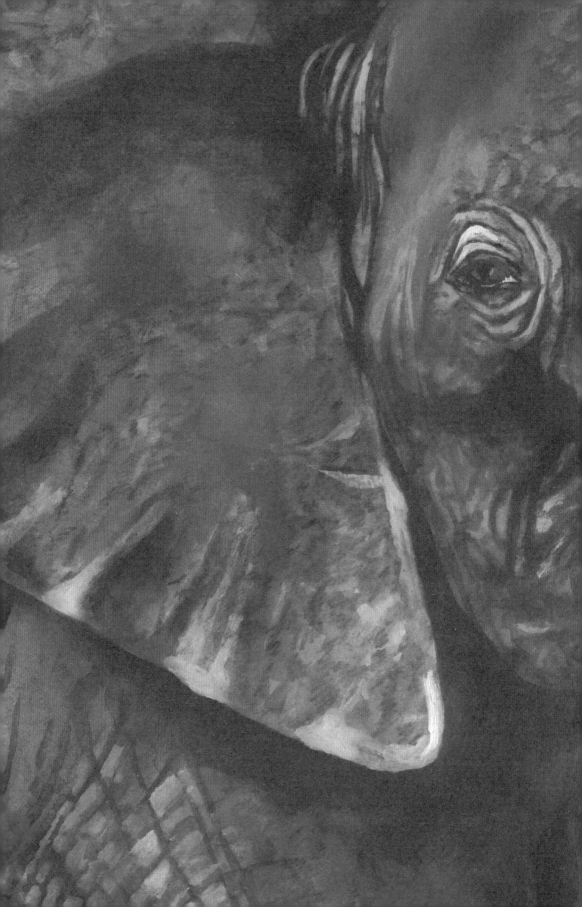

新西兰人为与几维鸟同处一座岛屿感到自豪，
并与它们有福同享，有难同当。

几维鸟

Apteryx

（肖，1813）[1]

有一个很奇怪的现象：在曾经生活着世界上最大鸟类（之一）的国家新西兰，其居民却有个可爱的代称"Kiwi"。"Kiwi"是指褐几维鸟，这是一种小体形的鸟类。按理来说，早已灭绝的巨大史前鸟类——恐鸟（Moa），难道不是更适合作为新西兰人的代称吗？别忘了，新西兰在体育方面可是培养了许多优秀橄榄球队的"硬汉国"。但新西兰人却更喜欢几维鸟，他们为与几维鸟同处一座岛屿感到自豪，并与它们有福同享，有难同当。

---

[1]1813 年，乔治·凯尔斯利·肖正式为几维鸟命名。

172

第4章 更多的生灵

在某种程度上，"Kiwi"这个词已成为新西兰原住民毛利人神话的一部分。从第一次世界大战开始，"Kiwi"便成为新西兰人的流行昵称。在远离家乡的欧洲战壕中，那些新西兰士兵被称为"Kiwi"，这个代称一直沿用至今。可以说，"Kiwi"见证了新西兰的子民为国家荣誉而战的政治历史。但自然历史和政治历史不太一样：自然没有国境的限制，了解自然历史可以帮助我们构建生物的谱系，理解生物的行为。

虽然目前的科学研究表明几维鸟只存在于新西兰，但从自然历史的角度来看，这是有争议的。常识告诉我们，几维鸟作为一种岛屿动物，可能是由于基因隔离，使其像《X战警》的超级英雄或超级反派那样，发生了演化，产生了突变，失去了飞行能力。但真相并非如此简单。几维鸟的化石祖先并非来自新西兰，而是来自冈瓦纳古陆[2]，它们在那里生活时就已经不会飞行了。最近甚至有研究表明，马达加斯加已灭绝的象鸟是几维鸟的表亲，它们有着共同的祖先。由此可见，从远古时代起，无翼鸟的存在并不仅仅局限于新西兰，而是在世界不同角落繁衍生息，只是当它们到达新西兰时，发现这是一个理想的家园。彼时，人类还没有登岛，几维鸟没有太大被捕杀的风险，所以只会在地面上行走并不是一个糟糕的选择。

之后，毛利人来到了新西兰，此时对于几维鸟来说，学会隐匿的生存方式变得重要起来。正如大卫与歌利亚的神话[3]那般：那些巨大的、白天活动的恐鸟被人类从地图上抹去，就像可怜的歌利亚，而几维鸟则因体形较小（和家鸡差不多大），且习惯夜间活动，得以在密林里不被注意到。但最后，欧洲人来到了新西兰，象征着大卫的几维鸟，如今也面临着灭绝的危险。

---

[2] 冈瓦纳古陆，又称"南方大陆"或"冈瓦纳大陆"，指大陆漂移说所设想的超级大陆，包括今南美洲、非洲、澳大利亚、南极洲以及印度半岛和阿拉伯半岛等。印度中部冈瓦纳地区石炭纪到侏罗纪的地层，统称为"冈瓦纳（岩）系"，在上述各大陆都有发现这一相似的岩系和化石，根据这一相似性和相关证据，便将这一片古大陆命名为"冈瓦纳古陆"。

[3] 源自《圣经》的经典故事，讲述了身体弱小的大卫战胜巨人歌利亚的事迹。

在一个有着美丽的岛屿和天使瀑布的国度里，
生活着一种外形像猪一样、
行为孤僻且喜欢在夜间出没的奇蹄目动物，
它被称为中美貘。

中美貘

Tapirus bairdii
（吉尔，1865）[1]

在委内瑞拉，中美貘又叫达塔（Danta），是该国最大的哺乳动物，不仅如此，它们的体形，哪怕放在整个新热带界[2]，也是数一数二的大。虽然在委内瑞拉的城市中有不少它们的雕塑，但它们在野外的数量越来越少。

由于经济和政治等因素，近年来委内瑞拉砍伐了数千公顷的森林，赶走、消灭了不计其数的栖息于此的动物。当我们去到亚拉奎州，好不容易在当地发现了几只中美貘时，有人却想把它们杀死吃掉。人们为此抗议："怎么能吃达塔？它们应该受到保护！"

---

[1] 西奥多·尼古拉斯·吉尔（Theodore Nicholas Gill，1837—1914 年），美国动物学家，1865 年为中美貘正式命名。

[2] 世界上共有 6 大动物区系，分别为：古北界、新北界、新热带界、旧热带界、东洋界和大洋洲界。其中新热带界，地理范围包括整个中美洲、南美大陆、墨西哥南部以及西印度群岛，是物种最丰富的一个动物区系。

第4章 更多的生灵

2016 年，拉瓜伊拉生态站（Ecological Station La Guaquira）的站长奥斯卡·皮特里（Oscar Pietri）挺身而出，想证明该国恢复生态环境是有可能的。在他的管理下，2000 公顷的绿地得以受到保护，鸟类学家可以到此地寻找到啸鹭、蜂鸟，甚至是珍稀的黑头红金翅雀。与此同时，皮特里还致力恢复发展可可种植业。当他得知我们正在寻找中美貘时，毫不犹豫地加入了我们的队伍，就像是履行自己的使命一般。

我们在萨帕特罗山（Zapatero Hill，亚拉奎州的一座山峰）中寻找，但只发现了五颜六色的毛毛虫和各类大型昆虫。由于中美貘的数量减少，美洲虎在当地已经找不到了，因为中美貘是美洲虎的主要食物来源。

"虽然我们心中有它，但却找不到它！"皮特里知道中美貘对于委内瑞拉而言有多么重要，但也不得不承认现实的残酷。

几天后，我们在一个体育场的入口，看到了一个中美貘形状的充气气球和数张 1997 年委内瑞拉全国运动会的宣传卡片，上面印有以中美貘为原型的吉祥物"达蒂"。但今非昔比，"人走茶凉"，甚至著名歌唱家鲁本·布莱德斯（Ruben Blades）[3] 都从自己的热门歌曲中删除了"达塔"（Danta）一词，将其替换成"昂扎"（Onza）[4]，因为"昂扎"（Onza）更好地押韵歌词中的人名"莱昂萨"（Lionza）。

在我们答应皮特里用他保护区里种植的可可制作巧克力"达塔"后，皮特里请求当地市政厅允许我们和他一起去索尔特山（Sorte Mountain）搜寻中美貘，出发前我们参加了委内瑞拉原住民抵抗日（Dia de la Raza）[5] 舞会，舞会上原住民们向"达塔"致敬。市政厅认为与我们这些"民间组织"合作保护中美貘对委内瑞拉来说是一件有意义的事——虽然意义有点薄弱，但还是答应了皮特里的请求。于是，我们开着 6 辆四驱车前往索尔特山，皮特里说这是委内瑞拉政府第一次答应他的请求。

几天后，我们在蒂格雷峰（Tigre Hill）搜寻了一整晚，发现了中美貘不久前留下的足迹和粪便，它应该是刚从潟湖里游出来——中美貘喜欢水。早上，路易斯·奥拉（Luis

---

[3] 鲁本·布莱德斯，巴拿马著名音乐家，在拉丁美洲和欧洲西班牙备受推崇。

[4] 昂扎，一种神秘的美洲猫科动物，据说外形酷似南亚和非洲的猎豹，相关资料较少，有待学界进一步研究证实。

[5] 每年 10 月 12 日举行，原本为发现美洲的纪念日，带有较浓厚的殖民色彩，现已演变为美洲各国的原住民抵抗日或尊重文化多样性日，不同国家节日名称有所不同，如在委内瑞拉称作"原住民抵抗日"，在阿根廷称作"尊重文化多样性日"。

Aular）——一位提供了他的小屋让我们休息的博物学家，给我们看了一张照片，他拍到了中美貘，拍摄日期是五天前。路易斯说他一直保存着自己视为珍宝的照片，从不轻易发表出去，因为只想把它展示给那些有胆识到山中小屋来拜访他的人看。

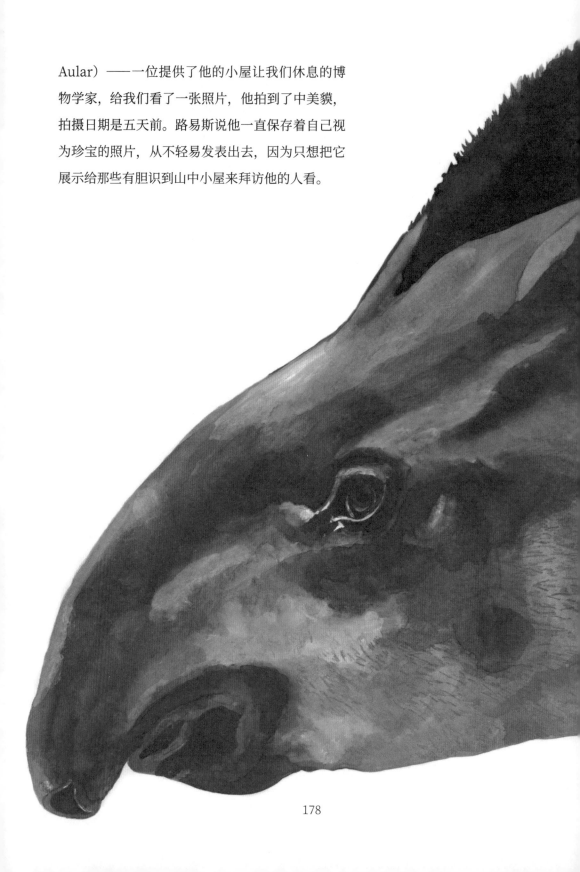

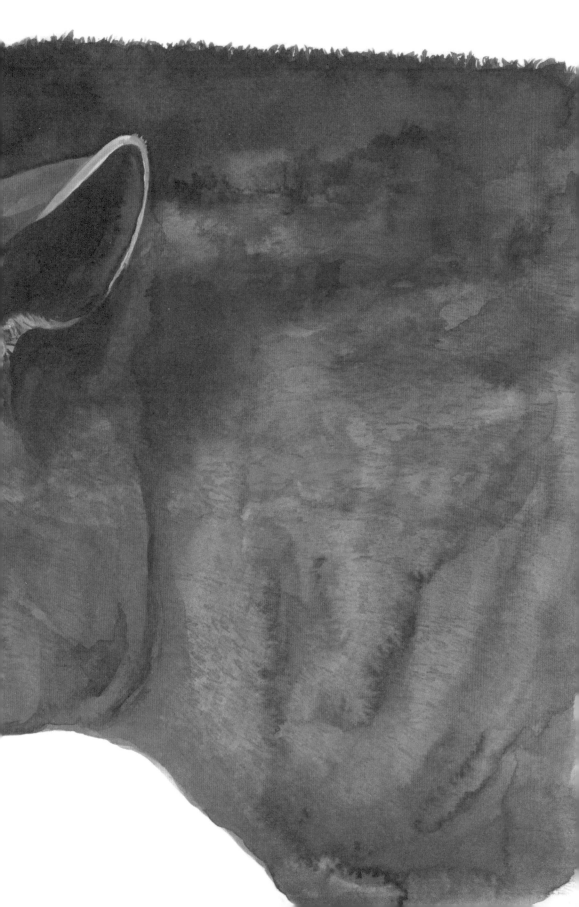

狮 尾 猴

Macaca silenus

（林奈，1758）[1]

狮尾猴栖息于印度的寂静谷，其羞涩的性格广为人知。

但也正因为羞涩、喜欢躲藏的习性使得它们背上了一些莫须有的罪名，

比如绑架村庄里的儿童、偷东西。

有时候，它们甚至被人认为是巨大且凶猛的动物。

这里是一片位于气候独特地带的热带山地森林，深藏于山谷中，众多濒危物种在此寻得庇护。110 种兰花和 230 种鸟类在这片区域繁衍生息，还有各种蝴蝶、巨松鼠、老虎、豹子和厚皮动物[2]等栖息于此。狮尾猴因其长长的尾巴而得名，其头部周围的大白鬃毛不

---

[1]1758 年，林奈为狮尾猴正式命名。

[2]厚皮动物，指厚皮目哺乳动物，包括大象、犀牛、河马等，但这是一种过时的分类方法，现已不再采用。

禁让人联想到大型猫科动物（狮子）。

　　狮尾猴栖息于印度的寂静谷，其羞涩的性格广为人知。但也正因为羞涩、喜欢躲藏的习性使得它们背上了一些莫须有的罪名，比如绑架村庄里的儿童、偷东西。有时候，它们甚至被人认为是巨大且凶猛的动物。实际上狮尾猴的身长只有 40 多厘米，是现存最小的猿类之一。不过，它们的獠牙确实非常锋利。在寂静谷，当地人平常不易看到狮尾猴，且对它们的习性不够了解，因而害怕它们。

　　狮尾猴通常生活在海拔 800 ～ 1500 米的地方，群体规模在 10 ～ 20 个个体。它们不像印度其他灵长类动物那么野蛮——不会在寺庙门口偷鞋子，也不会咬老人，更不会跑到当地居民家里偷食物。其他灵长类动物，如猕猴，在印度犹如瘟疫般存在，没有人喜欢它们，有些地方甚至会聘请专业人员来驱赶它们[3]。但狮尾猴没有利用它们的神性和人们的信仰，它们有自己的"处世之道"。它们更喜欢在生长着野生榴梿的树林中独自生活，榴梿是它们的最爱。据 2001 年的科学统计，寂静谷当时生存的 275 只狮尾猴，分为 14 个群体进行活动，这种分散成小群体的生活方式与当地人类社会的部落有着奇妙的相似之处，后者形成了 192 个定居点，每个定居点的人口为 20 ～ 100。

　　在寂静谷里，狮尾猴活得逍遥自在，在森林里自由地跳来跳去，跳过长满荆棘的藤蔓，跳过每十年开花一次的植物，跳过被认为已经灭绝了的青蛙……这一切都要归功于罗穆卢斯·惠特克（Romulus Whitaker）[4]，他在 1976 年指出了寂静谷的森林生态因兴修水库而被破坏的情况。之后，当地的居民、非政府组织和一些政治家开始了一系列前所未有的抗议活动，让大家意识到破坏森林会使当地物种面临严重的生存威胁。1985 年，寂静谷被划为国家自然公园，狮尾猴被选为公园的官方代表形象。如今，一张巨大的狮尾猴照片标志着公园的入口，展示着这片自然保护区的非凡魅力。

---

　　[3] 猴在印度被视为神灵的象征，并受到法律的保护，在一些地区由于没有天敌，存在猕猴泛滥的情况。

　　[4] 罗穆卢斯·惠特克（1943— ），美国爬行动物学家、野生动物保护主义者，长期在印度从事野生动物和环境保护工作。2005 年，他因在自然保护方面的杰出贡献荣获有"绿色奥斯卡"之称的惠特利奖。

赫尔曼·麦尔维尔于1851年出版了小说《白鲸》。

小说的标题所指正是亚哈船长的"利维坦":

一只复仇心切、凶残的白色"抹香鲸"。

此书出版后,许多人都试图

在海洋上寻找书中的翻版"白鲸"。

座头鲸

Megaptera novaeangliae

(博罗夫斯基, 1781)[1]

除了凯瑟琳·赫本(Katharine Hepburn)和克林特·伊斯特伍德(Clint Eastwood)这些人类大明星,许多动物也拥有让人过目不忘的深邃目光。在马哈勒山[2]上,一只名叫"达尔文"的成年黑猩猩,以及那头名叫"回声",直到2009年还在乞力马扎罗山脚下为王,长着交叉象牙的母象[3],它们的目光都令人印象深刻。但最让我自己难以忘怀的动物目光,

---

[1] 乔治·海因里希·博罗夫斯基(Georg Heinrich Borowski,1746—1801年),德国动物学家,1781年首次科学描述了座头鲸,并为其命名。

[2] 马哈勒山位于非洲坦桑尼亚西部,该地区是黑猩猩的重要栖息地。

[3] 回声,世界上最著名的大象,英国广播公司(BBC)曾为其拍摄系列纪录片,记录它和它带领的40位家族成员。

第4章 更多的生灵

来自一只南露脊鲸（Eubalaena australis）。第一次遇见它是在阿根廷瓦尔德斯半岛附近的宁静海域，它停在离我们的小船仅几厘米远的地方，慢慢地翻滚，小心翼翼地将右眼露出水面，用聪明好奇的目光打量着我们。

南露脊鲸是非常善于社交的动物，它们甚至会大胆地游向人类进行观察。而这种个性，使它们陷入濒临灭绝的危险境地。加之游泳速度较慢，被捕后身体会漂浮在水面上，以及坦率的本性，也使它们成为捕鲸船队的首选目标。当然，其他因素也影响了它们的生存境地，比如商业化捕鱼、海洋污染、气候变化、繁忙的海上航线以及现代声呐定位系统。这些同样也是其他种类的鲸鱼所面临的威胁。所以，尽管鲸鱼体形庞大——抹香鲸的体长可达30米——但在海上并不容易看到它们，包括那只"白鲸"。

赫尔曼·麦尔维尔于1851年出版了小说《白鲸》。小说的标题所指正是主人公亚哈船长的"利维坦"[4]：一只复仇心切、凶残的白色"抹香鲸"。此书出版后，许多人都试图在海洋上寻找书中的翻版"白鲸"。现实世界里，生活在北极地区的白鲸并不是小说中的"白鲸"，虽然它们的肤色确实很白。但在20世纪90年代，有人真的发现了和小说中的描述一致的"白鲸"。在澳大利亚海岸附近，人们发现了两只奇特的"白鲸"（其实现场还有第三只"白鲸"，只是那只身上有黑斑），这一发现引起了媒体的关注。最终科学家证实，被发现的这两只"白鲸"是座头鲸，它们因为白化症或白化现象，导致皮肤异常白皙。

其中，那只白色的雄性座头鲸被海岸附近的原住民取名为"米加卢"（Migaloo），意为"白色男孩"。我想，如果亚哈船长得知这一消息，也许可以安息了：他的"利维坦"并非撒旦，只是一只"白鲸"。

---

[4] 利维坦，指西方古代传说中象征邪恶的海怪。

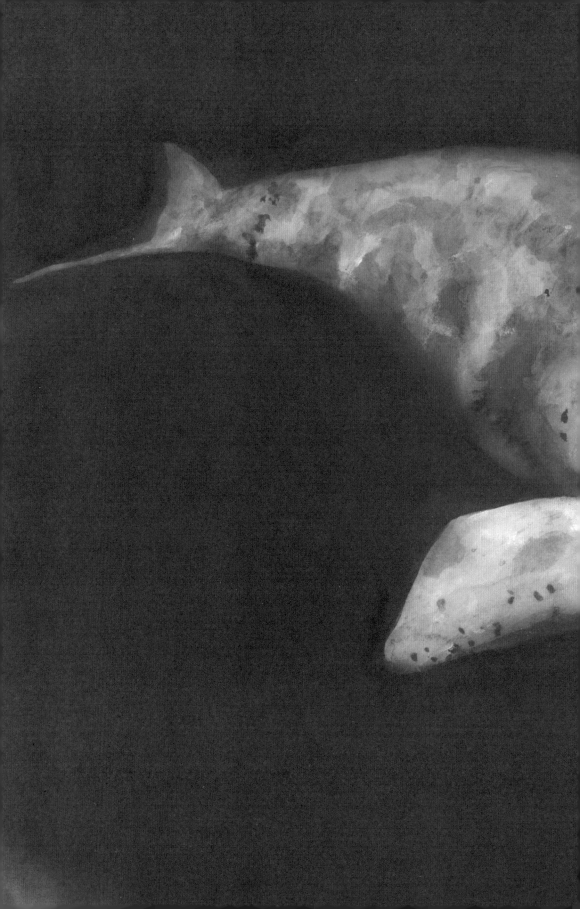

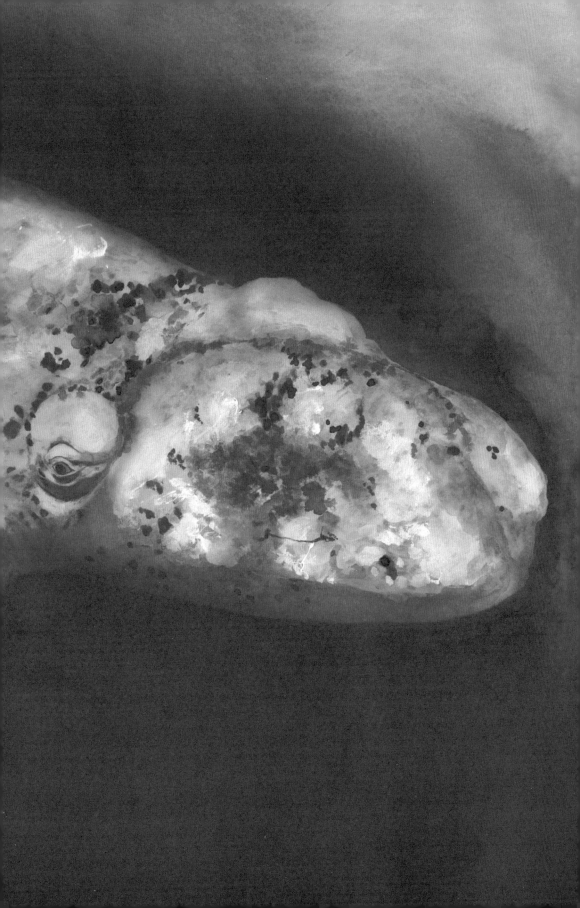

古时候，

曾有近千只白虎生活在朝鲜半岛。

朝鲜人将其描述为捣蛋鬼、信使或守护神。

然而，朝鲜国王为了猎杀白虎，

在中央设置了最精锐的打虎部队。

朝 鲜 白 虎

Panthera tigris

（林奈，1758）[1]

　　在韩国，不管是国家足球队的队服上，还是拳击手的短裤上，或是市场里售卖的衣服上，都会印有老虎的图案。韩国文化中有很多与虎有关的元素，在衣服上印老虎图案只是其中的一种形式。新年期间，韩国人会在房门上挂一只小老虎配饰，以求好运；商店里会摆放上老虎的小雕像，以求生意兴隆。朝鲜白虎是韩国的四大神兽之一，是守护西方方位之神祇。此外，身长3米、重达285千克的它们还是快如闪电和力量的象征。但现在，它们已经从朝鲜半岛上消失了。

　　朝鲜半岛的白虎数量本来就很少，这种老虎之所以"白"是因为基因突变，从科学上讲它们就是东北虎。因此，它们也具有跟东北虎一样的特性，比如难以捉摸。

---

　　[1]1758年，林奈为老虎正式命名，朝鲜白虎实际为东北虎，是虎的亚种。

第4章 更多的生灵

古时候，曾有近千只白虎生活在朝鲜半岛。朝鲜人将其描述为捣蛋鬼、信使或守护神。然而，朝鲜国王为了猎杀白虎，在中央设置了最精锐的打虎部队。之所以杀虎，是因为朝鲜政府估计，在过去的 400 年里，白虎杀死了超过 100 万人（朝鲜政府单方面说法）。

在日本殖民初期，朝鲜人对白虎爱恨交织的矛盾感情开始显现出来。日本人深知白虎在朝鲜文化中的重要性，于是着手消灭它们，以削弱朝鲜的士气。1908 年，崔南善[2]画了一只趴着的老虎，这只老虎的腿部伸展开来，形成了一个完美的朝鲜半岛剪影，画家将民族意识和老虎联系起来，意在鼓舞祖国人民要有像老虎一样的精神，反抗殖民恶权。

但正如研究者约瑟夫·希利（Joseph Seeley）和亚伦·斯卡贝伦德（Aaron Skabelund）所说："朝鲜人更看重老虎作为一种文化象征，而不是一个活生生的生物。"日本人在朝鲜半岛持续而有计划地猎杀白虎，终于，在 1921 年，最后一只朝鲜白虎被捕杀[3]。日本殖民统治结束后，朝鲜战争和城市化的发展压垮了恢复这个物种的最后希望。尽管如此，1988 年汉城（即今首尔）奥运会的吉祥物仍然是老虎"虎多力"。

有乐观主义者认为，在分隔着朝鲜和韩国的非军事区，即一片长 248 千米、宽 4 千米的土地上，或许还有朝鲜白虎的存在。的确，在这片长达半个世纪未受人类侵扰的土地上，生存着一些独特的植被和稀有的动物群。但朝鲜白虎有可能继续生存在那里吗？

"不太可能。"李一恒教授[4]回答说。他在 2013 年写了一篇论文指出，虽然无法在韩国重新引入朝鲜白虎，但在朝鲜却有可能实现——通过在非军事区创建一个保护走廊。他的想法是与朝鲜的同事合作，双方一同拯救"神兽"，使其成为朝鲜半岛统一的象征。但这更像一种口号，因为李教授指出，DNA 测序已经证明东北虎[5]和朝鲜虎是同一物种。所以，从更大的范围来说，这将是一次拯救濒危物种的联合行动。此刻，行动还在进行中。

---

[2] 崔南善（1890—1957 年），号六堂，朝鲜诗人、历史家、朝鲜半岛独立运动领导人。

[3] 此说法根据日本作家远藤公男的作品《朝鲜白虎为何会消失》（*Why Korean Tigers Dissapeared*）。学界通常认为朝鲜白虎灭绝于 20 世纪 20 年代至 40 年代。

[4] 李一恒，首尔大学教授，主要研究韩国和东亚地区野生动物的保护遗传。

[5] 东北虎分布于亚洲东北部，包括中国东北的吉林、黑龙江，俄罗斯远东地区等。

地球上有2万多种蜜蜂，

其中大多数都是独居的。

它们没有蜂王或工蜂，

也不生产蜂蜡或蜂蜜，

但它们为大自然授粉，

保护了地球的生物多样性。

南极洲是唯一没有它们的大陆。

西方蜜蜂[1]

Apis Mellifera

（林奈，1758）[2]

蜜蜂，一种孤独的社会性物种。当气温达到15℃时，它们便会本能地飞出冬季栖息的蜂巢，振动着两对纤细的翅膀，竖起嗅觉触角，飞向花朵寻找花粉和花蜜，然后将采集到的花粉和花蜜转移到胫节外侧的刷状器官——蜜蜂体表长满纤毛，纤毛产生的静电，有助于花粉的附着。当然，蜜蜂的能力不仅限于此。

---

[1] 以下简称蜜蜂。

[2] 1758 年，林奈为西方蜜蜂正式命名。

第4章 更多的生灵

卡尔·冯·弗里希（Karl Von Frisch）[3] 发现蜜蜂对颜色有分辨能力。20 世纪初，这位动物行为学家提出了一个大胆的疑问：花朵之所以五颜六色是为了吸引蜜蜂吗？他在自家的花园里做了实验，验证了蜜蜂至少能分辨出浅蓝色。后来，他的实验也证明了紫外光对蜜蜂具有引导作用。在可见光中，蜜蜂不会被灰色吸引，对红色几乎视而不见，黑色则会令其产生敌意。在西班牙埃斯特雷马杜拉自治区的富恩拉夫拉达蜜蜂养殖场就曾发生过蜂群攻击绵羊的事件，其中三只黑羊被蜜蜂蜇得特别惨，蜜蜂一直追逐它们，直至将它们全部杀死。

早些年，养蜂人把养蜜蜂当作"畜牧"，而不是养一种"动物"，因此希望给它们建大棚以提供理想的温度，通过人工繁殖来促进蜂蜜的生产。后来，人类才懂得尊重、善待它们。在文化层面，蜜蜂自古享有盛誉。位于巴黎的法国国家自然历史博物馆将蜜蜂作为勤劳与财富的象征，印在了博物馆的徽章上；古埃及人将蜜蜂与太阳神拉（Ra）[4] 联系在一起。但现在，蜜蜂的数量急剧下降，它们去哪儿了呢？

要知道，昆虫物种的灭绝速度是哺乳动物的 8 倍。农业生产导致昆虫栖息地的丧失，化肥和农药的使用、森林砍伐、环境污染以及气候变化等因素，都是导致其数量减少的原因。据科学家们预测，昆虫可能在一个世纪内完全消失。"当最后一只蜜蜂消失时，人类将走向灭亡。"这是一句流传甚广的警告[5]。而作为众多植物传粉者的蜜蜂，它们的灭绝将会间接导致许多植物的灭绝。

---

[3] 卡尔·冯·弗里希，德国动物学家、行为生态学创始人，1973 年，因为一系列有关蜜蜂"舞蹈语言"的发现，获得诺贝尔生理学或医学奖。

[4] 太阳神拉，古埃及宗教中最重要的神灵之一，传说中统治着整个世界，包括天空、地球和地下世界。在埃及神话中，蜜蜂被认为是太阳神拉的眼泪落地后变成的，拥有着崇高的地位。

[5] 传言这是科学家爱因斯坦的警告，但并没找到相关文献证据。

也许中南大羚基因里带有自由的天性，
因此即便有几只被人类捕获，
也没有一只在圈养中存活超过5个月。

中 南 大 羚

Pseudoryx nghetinhensis
（武文勇等，1993）[1]

　　"这是什么动物？"1992 年，一位探险家指着一具头骨问道。这具头骨放在越南河静省武光自然保护区的一个猎人小屋里。毫无疑问，这是一种牛科动物的头骨，尽管它的头骨很长，头上的角也异常地长。那时，当地人对该物种没有太多的科学记录和描述，也说不清它是什么，但重点是，小屋的主人说在当地还有很多它的同类。

---

[1]1993 年，越南研究者武文勇（Vu Van Dung）、范孟焦（Pham Mong Giao）等 4 人在《自然》上发表论文，首次对中南大羚进行了科学描述。

如果说澳大利亚是"世界活化石博物馆"，那么越南正崛起为隐藏物种的天堂。德拉库尔乌叶猴、大肚猪、鳄蜥、奥氏鼹、穿山甲，它们和那具头骨的主人——中南大羚一样都生活在越南。中南大羚是自 1936 年发现柬埔寨野牛后，20 世纪新发现的最大的哺乳动物（21 世纪又发现了喙鲸，所以仅限于 20 世纪）。

越南政府发现中南大羚的存在后，将武光自然保护区的面积从 160 平方千米扩大到约 600 平方千米，以保护这种眼睛下方具有气味腺的瑰宝动物。此外，中南大羚的背上还有一条白色条纹，一直延伸到尾巴。

位于越南和老挝边境的长山山脉，山势高耸，是阻挡入侵者的天然屏障，这天然的地理优势使得中南大羚在过去数千年里一直隐秘在林中，免受侵扰。关于它们的习性，至今仍是个谜。尽管科学家已经知道它们喜欢独处，但有时也会发现它们成群出行：它们会形成约 5 只为一组的小队去寻找食物，以保护自己免受老虎、豹子和盗猎者的侵害。也许中南大羚基因里就带有自由的天性，因此即便有几只被人类捕获，也没有一只能在圈养中存活超过 5 个月。

"它们是一种极度孤僻的动物。"大湄公河地区物种项目的负责人尼克·考克斯（Nick Cox）介绍道。自从中南大羚被发现以来，它们只被拍摄到过 3 次。只有当地人相对知晓它们的情况，但没有人知道它们的准确数量，据说现存 10 ～ 200 只[2]，因此被列为濒临灭绝的极危物种。

---

[2] 根据世界自然保护联盟濒危物种红色名录 2022 年 2 月版的统计，此数据基本符合实际情况。

残忍，只是人类赋予为了生存而捕猎的
非洲野犬的一个标签。

非洲野犬

Lycaon pictus

（特明克，1820）[1]

坦桑尼亚名城阿鲁沙是旅行者的城市，科学家、探险家、援助工作者、当地居民和不同部落的游牧民在这座城市皆可看到。在这里，你甚至可以看到，随着亨利·曼西尼（Henry Mancini）[2]创作的背景音乐响起，斯恩和几头小象绕着钟楼广场追逐安娜——这是好几十年前的电影《哈泰利》[3]中的场景。此时，我们也身处阿鲁沙，正与朋友

---

[1] 科恩拉德·雅各布·特明克（Coenraad Jacob Temminck，1778—1858 年），荷兰动物学家。1820 年，首次对非洲野犬进行了科学描述，并为其正式命名。

[2] 美国著名电影作曲家，创作了《蒂芙尼的早餐》《粉红豹》等经典电影的主题曲，作品脍炙人口。

[3] 此处描述的是 1962 年美国电影《哈泰利》中的情节，该片讲述了一群美国人去非洲大草原捕猎的故事，其中男主角名为斯恩，女主角名为安娜。

第4章 更多的生灵

威利·尚布罗和胡里奥·泰格尔为如何把装备带到偏远的佩宁伊（Peninj，位于阿鲁沙的一处史前遗址）而争论。

　　朋友胡里奥和努里亚·帕尼佐，两人就像现实版的《狮子与我》[4]里的"亚当夫妇"，虽然他们没有养大狮子艾尔莎，但他们和亚当夫妇一样深爱着非洲和非洲人民。那天，在一棵巨大的金合欢树下，我们有幸和这对夫妇共进晚餐，听胡里奥讲述旅途中和野生动物的奇遇。其中一个故事，是关于一对非洲野犬的。这对非洲野犬和胡里奥同名，此刻正端坐在餐桌旁，如同阿努比斯（Anubis）[5]的雕像一般。

　　几年前，在恩杜图野生动物园旅馆，有当地的工人问他："您知道费利克斯吗？"胡里奥之前生活在西班牙马德里，后来才来到非洲。生活在非洲大裂谷这片土地上的人，彼此之间都比较熟络，没有陌生人的概念，估计工人以为马德里那边和非洲大裂谷的风土人情差不多，每个人都相互认识。胡里奥问道："您说的是费利克斯·罗德里格斯·德拉富恩特[6]吗？"果然，工人说的正是这位名人。费利克斯，一位自然主义者，因为西班牙电视台制作的获奖无数的纪录片《人与地球》（*El Hombre y la Tierra*）而出名，但他对非洲这片土地有着深沉的爱，则鲜有人知。作为伊比利亚狼[7]的伟大捍卫者，费利克斯在这片大陆上遇到了非洲野犬，也属于犬科动物——一种直至费利克斯的生命尽头还能带给他动力的物种。

　　20世纪60年代，在塞伦盖蒂平原[8]上，费利克斯观察并研究了一群非洲野犬，它们的生活自由自在。费利克斯的朋友雨果·范·勒维（Hugo van Lawick）[9]也是一位著名的纪录片制作人，同样对这些食肉动物着迷，既爱又恨——不管是与"优雅"的狮子，还是与

---

　　[4] 电影《狮子与我》又名《生来自由》，改编自真实事件，讲述了亚当夫妇在非洲保护野生动物，养大狮子艾尔莎的动人故事。

　　[5] 阿努比斯，埃及神话中的死神，形象为胡狼头、人身。

　　[6] 参见70页脚注。

　　[7] 伊比利亚狼是灰狼的亚种，多分布在西班牙北部山区。

　　[8] 塞伦盖蒂平原，位于非洲东部，是在肯尼亚和坦桑尼亚之间的草原，该地区因拥有极大规模的动物群落而闻名世界。

　　[9] 雨果·范·勒维，荷兰著名野生动物摄影师，妻子是英国著名灵长类动物学家珍·古道尔。

"时尚"的猎豹相比，非洲野犬的捕猎方式都显得有些"卑劣"。由于非洲野犬的体形较小，想要猎杀猎物就得成群出行。它们捕到猎物时并不会将其一击毙命，而是慢慢地撕咬猎物，剖开其身体，吞食内脏，此时被捕获的猎物仍在呼吸。很多人觉得非洲野犬的猎杀方式过于残忍，但在大自然中，从来没有"残忍"这一说法。残忍，只是人类赋予为了生存而捕猎的非洲野犬的一个标签。

不过，人类对非洲野犬的反感并不完全是坏事，正因如此，没人想去专门猎杀它们，非洲野犬的数量减少速度相对缓慢。但到了 20 世纪 90 年代，非洲野犬依旧失去了一些狩猎领地，加上狂犬病的暴发和博茨瓦纳犬瘟热的肆虐，让接触家犬的非洲野犬染病，导致塞伦盖蒂的非洲野犬大量死亡。如今，尽管非洲野犬的数量在非洲南部地区（如赞比亚）似乎有所回升，但在东非地区其踪迹依然难寻。

如今，费利克斯不能再给他的坦桑尼亚朋友写信了，因为 1980 年在前往阿拉斯加报道狗拉雪橇比赛时，他乘坐的小型飞机不幸坠毁了。但他绝不希望我们忘记被误解的非洲野犬。

那是1938年，
南非自然历史博物馆馆长
玛乔丽·考特尼·拉蒂默即将遇到一种奇怪的动物。

西印度洋矛尾鱼[1]

Latimeria chalumnae
（史密斯，1939）[2]

有时，博物学家在寻找某个不易发现的物种时，会莫名其妙地找到另一个不易发现的物种。这种事情也发生在了我们身上……2016 年，我们在巴塞罗那自然科学博物馆找到了一个巨大的箱子，里面装着有史以来最大的陆地捕食者——棘龙的模型。作为白垩纪的大恐龙，棘龙除了拥有让人叹为观止的脊骨，还是一个出色的游泳者。"大家伙"吃的鱼自然也是大鱼——一些长达 2 米的大鱼。当同行的技术人员完成拆箱，棘龙的模型完整地展

---

[1] 西印度洋矛尾鱼，又称东非矛尾鱼，是腔棘鱼目矛尾鱼属的一种。

[2] 詹姆斯·史密斯（James Smith，1897—1968 年），南非鱼类学家、化学家。1939 年，为西印度洋矛尾鱼正式命名。

现在我们面前时，我们想到了另一个"怪物"。那是我们的潜水员朋友马科斯去梅基南萨水库（Mequinenza Dam Reservoir，位于西班牙）潜水时，在能见度极低的水域里遇到的巨大的欧鲇[3]。虽然欧鲇和恐龙时代的腔棘鱼没什么亲缘关系，但它们在体形上有一个相同点，那就是都很大，如果在水下遇到了，一定会给人留下深刻的印象。

1938 年，南非自然历史博物馆馆长玛乔丽·考特尼·拉蒂默（Marjorie Courtenay Latimer）即将遇到一种奇怪的大鱼。一天，当地渔民给她带来了一种未知生物。这种生物重逾 50 千克，长 1.5 米，身上覆盖着坚硬的鳞片，长着四条类似于爬行动物腿的鳍状肢。这条大鱼被送到东伦敦博物馆[4]制成标本时，鱼类学家詹姆斯·史密斯得到消息赶来查看，并确认了玛乔丽的猜测：这种生物是一个"活化石"——腔棘鱼。它们通常只存在于石油矿床中，作为化石被保留下来。在此之前，人们以为腔棘鱼早在 6500 万年前就已经灭绝了。

史密斯给这具腐烂的标本取名为"西印度洋矛尾鱼"。但他需要更多的样本来证明这一发现。他向东非所有港口发布了"通缉"风格的海报，想通过悬赏捕获一条腔棘鱼，不论死活。但之后，第二次世界大战的爆发迫使寻找腔棘鱼的工作中止了。

当一切似乎都已失去希望时，1952 年，一支商船队的船长埃里克·亨特（Eric Hunt）在非洲港口中途停留时看到了一条奇怪的鱼。后来，他从科摩罗群岛（位于莫桑比克和马达加斯加之间）一位渔民那里购得了这条怪鱼的标本。尽管是条死鱼，但它的身体是完好无损的。拿到标本后，船长毫不犹豫地给史密斯打了电话。史密斯接到电话后，几乎不敢相信自己的耳朵，高兴得跳了起来。但他要如何快速地从南非抵达科摩罗群岛呢？

凭借着顽强的毅力和良好的人脉，詹姆斯·史密斯在短时间内说服了当时的南非政府给他承包了一架空军飞机，让他去看这第二条被发现的腔棘鱼。如今，科学家们早已发现更多的活腔棘鱼——人们可以在印度洋深处找到并研究它们。它们不再是看不见的化石，而是看得见的、活生生的动物。

---

[3] 欧鲇，又称欧洲巨鲇、六须鲇，是世界上最大的淡水鱼之一，主要分布在欧洲中部、东部的河流和湖泊中。

[4] 东伦敦博物馆，位于南非共和国东开普省东伦敦港市。

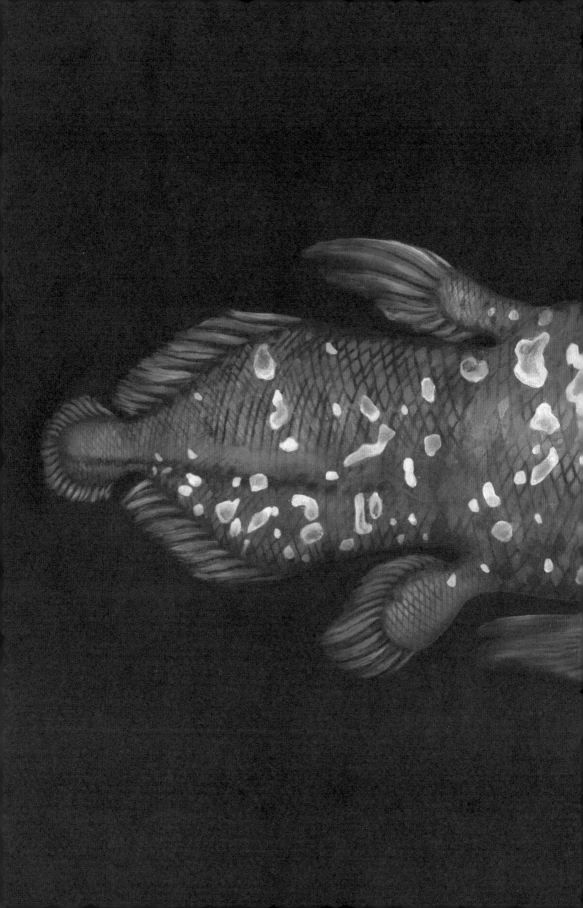

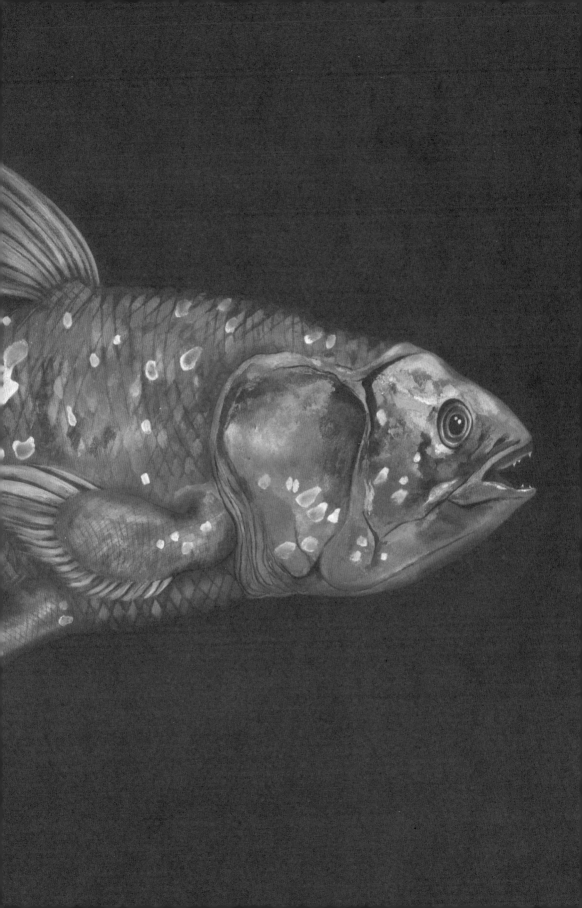

牧羊人和牧场主都说：
起初，美利奴绵羊中有很多是黑色的。
但后来，卖羊毛的人发现白色羊毛
可以被任意染料染色，
而黑色羊毛却不行。

黑美利奴绵羊

Ovis orientalis aries

第4章 更多的生灵

在拉西贝里亚（La Siberia）的牧场和拉塞雷纳（La Serena）的草原上[1]，世界上最大的黑美利奴绵羊群正在吃草。不过它们的数量并不多，只有 1500 只。几个世纪以来，黑绵羊一直都很稀少。这是为什么呢？答案是钱。牧羊人和牧场主都说：起初，美利奴绵羊中有很多是黑色的。但后来，卖羊毛的人发现白色羊毛可以被任意染料染色，而黑色羊毛却不行。这直接导致了动物历史上最大的一次色彩变革，人们把黑绵羊当作"污点"消除，大力繁殖白绵羊。

在西班牙，一些人迷信黑绵羊可以预防疾病和暴风雨，所以抵制停止选育黑绵羊。在阿拉贡高地（Alto Aragon），牧羊人经常在羊群中放入一只黑绵羊，当作"避雷针"；在其他一些地方，牧羊人称黑绵羊为"圣安东尼"，简单来说就是绵羊的守护神。因此，在西班牙想要找到一只黑绵羊并不难，难的是找到一群黑绵羊。如果拥有一个 1500 只的黑绵羊群，那简直就是拥有了宝藏。

米格尔·卡韦略（Miguel Cabello），是一位牧场主，也是一位牧羊人的孙子。有一天，他决定在萨夫拉（Zafra）的一个集市上买下 12 只黑绵羊。后来，他又从优质品种的绵羊群中选出了 100 多只黑绵羊，从埃斯特雷马杜拉兽医学院买了 30 只，再从葡萄牙进口了 180 只——葡萄牙人称黑绵羊为普雷塔绵羊（Preta Sheep）。就这样，米格尔不断增加黑绵羊的数量，并决定在纯天然牧场（无农药、无化肥的牧场）上饲养它们。米格尔一家人（米格尔和妻子玛丽莎，以及他们的孩子一起养羊）对前来参观黑绵羊群的人反复强调："这些黑绵羊是生态养殖的。"黑绵羊的毛特别细腻，虽然它们的产奶量不高，但奶的脂肪含量高，营养丰富，非常好喝。

黑绵羊要在刚出生几个月第一次剪完羊毛后，其黑色才能完全显现出来。因为羊毛开始生长时，受阳光照射影响，呈较浅的棕色。埃斯特雷马杜拉位于西班牙的内陆地区，如果你有幸在这片广袤的乡村中看到这群黑绵羊，那将会是一种独特的体验。因为这种景象独一无二，有着无与伦比的美学价值。如今，米格尔一家正在努力保护这群"黑珍珠"。随着每年干旱的加剧，以及工业化养殖的发展，黑绵羊的日子变得越来越艰难。但米格尔一家相信黑绵羊有很强的环境适应力，他们也想证明黑绵羊并不是真正的"坏羊"（"black sheep"还有"害群之马"的意思）。

---

[1] 这两处草原和牧场，皆位于西班牙西部埃斯特雷马杜拉自治区，该区紧邻葡萄牙。

就像蜜蜂或浮游生物一样，

这些微小的生物

也是生态系统的关键部分，

它们对于人类的未来

同样具有重要意义。

蒙塞尼山螈

Calotriton arnoldi

（卡兰萨&阿马特，2005）[1]

在孩提时代，我的朋友赫拉尔多·加西亚（Gerardo García）生活在加泰罗尼亚[2]的钢筋水泥工厂和宿舍区中。他追求的梦想，对别人来说可能微不足道，但随着时间的推移，他的梦想成真了。他离开了那片没有生机的沥青丛林，投身于他的动物栖息地。与亲爱的赫拉尔多重聚，不仅让我回想起我们共同度过的童年和青春，更证明了我们的梦想依旧。

赫拉尔多跟随杰拉尔德·达雷尔（Gerald Durrell）[3]的步伐，加入保护动物的科学探

---

[1] 西班牙动物学者萨尔瓦多·卡兰萨（Salvador Carranza）、费利克斯·阿马特（Felix Amat）2005 年正式发表对蒙塞尼山螈的科学描述，并为其命名。

[2] 加泰罗尼亚，濒临地中海，从前是隶属于阿拉贡王国的公国，现在属于西班牙。

[3] 杰拉尔德·达雷尔（1925—1995 年），英国著名博物学家、作家、自然主义者、主持人。1959 年，在泽西岛创立了达雷尔野生动物保护基金会和被誉为"濒危动物诺亚方舟"的泽西动物园。

索行列长达数十年之久。但他从未亲眼见过他的偶像，这位杰出的自然主义者在 1995 年去世了。但赫拉尔多正是凭借着达雷尔野生动物保护信托基金的支持，得以专注于研究各类爬行两栖类动物，并进入历史悠久的切斯特动物园[4]工作。

赫拉尔多热情洋溢地向我讲述了他在马达加斯加的传奇经历，如在当地寻找传说中的乌龟和鳄鱼，以及目前还在进行的关于科莫多巨蜥[5]的项目，这些动物都面临着灭绝的危险。但赫拉尔多也从没有忘记家乡，当他返回家乡，了解到望不到头的高楼大厦、喷出滚滚浓烟的烟囱，以及向河流里倾倒废水的排污管道几乎灭绝了加泰罗尼亚唯一的特有物种——蒙塞尼山螈时，他感到痛苦。蒙塞尼山螈可以说是欧洲地区生存最受威胁的两栖动物。

该物种直到 2005 年才被正式命名，萨尔瓦多·卡兰萨和费利克斯·阿马特基于蒙塞尼山的一些记录标本（1979 年），确认了蒙塞尼山螈为新物种。在此之前，人们认为加泰罗尼亚所有的山螈都属于比利牛斯山螈（Calotriton asper）。在前文中，我们介绍了濒临灭绝的大象和鲸鱼，它们都是壮观的"大个子"，但还有一些因体形微小而容易被忽略的生物，更应该受到关注。就像蜜蜂或浮游生物一样，这些微小的生物也是生态系统的关键部分，它们对于人类的未来同样具有重要意义。

据粗略统计，蒙塞尼山螈的数量约有 1500 只，分为 2 个孤立的种群：西部种群和东部种群，这使它们处于非常脆弱的境地。鉴于此，当地政府机构决定采取行动解决这个问题：一方面减少人类带来的环境污染，另一方面授权动物繁育中心对蒙塞尼山螈进行人工繁殖，待其数量恢复后再将它们重新引入野外。参与蒙塞尼山螈保护项目的繁殖中心包括托雷弗鲁萨（Torreferrusa）野生动物救援恢复中心、埃尔蓬特德苏埃尔特（EI Pont de Suert）动物中心、巴塞罗那动物园和切斯特动物园等。

"从蒙塞尼山螈被正式确认为新物种的那一刻起，我就非常感兴趣，想要参与其中。就像之前参与马略卡岛助产蟾[6]研究项目一样，这是一个回馈我在生物研究初期所得到支

---

[4] 切斯特动物园，成立于 1931 年，是英国最大的市立动物园，也是欧洲最好的动物园之一。

[5] 科莫多巨蜥，又名科莫多龙，是已知现存所属种类中最大的蜥蜴，平均体长 2～3 米，生性凶猛。

[6] 马略卡岛助产蟾，又名马略卡产婆蟾，是地处西班牙东海岸的马略卡岛上的特有物种。

持的机会。我在泽西岛和蒙塞尼山螈的发现人建立了联系，但当时想要把蒙塞尼山螈的交配样本（一公一母）从加泰罗尼亚运出去还很困难。我来到切斯特动物园工作后，终于找到了机会。我们给负责蒙塞尼山螈繁殖计划的协调员弗朗塞斯克·卡沃内利（Francesc Carbonell）写信，并与之展开了紧密合作。现在，我们在英国有一个专门的蒙塞尼山螈

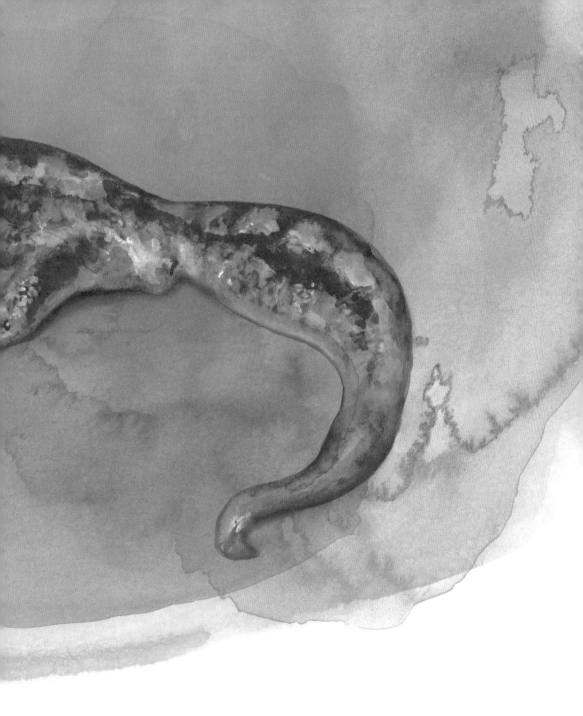

隔离繁殖实验室，那里有用于未来在蒙塞尼自然公园重新建立山蝾种群的交配样本。"赫拉尔多细致而富有激情地向我介绍了蒙塞尼山蝾的保护现状。

　　钢筋水泥不会摧毁山蝾，也不会摧毁任何自然主义者的梦想。梦想从不会随年龄的增长而变质，山蝾和长大的男孩终会回到自己的家乡。

全世界仅存的67头爪哇犀[1]，

都生活在同一个地方

——乌戎库隆国家公园[2]，

位于世界上人口密度最大的岛屿之一

爪哇岛的一端。

爪哇犀

Rhinoceros sondaicus

（德斯马雷特，1822）[3]

20 世纪，由于孙德尔本斯红树林[4]、缅甸、中南半岛和马来半岛的生境丧失，以及为获取其角而进行的偷猎，爪哇犀的数量急剧减少。在一些传统药物里，犀牛角有很高的药用价值。

---

[1] 此为 2017 年统计数据，根据世界自然保护联盟濒危物种红色名录 2022 年 2 月版，该物种目前仅存 18 只。

[2] 乌戎库隆国家公园是印度尼西亚最早成立的自然国家公园，坐落于爪哇半岛的西南部，1991 年被列入《世界遗产名录》，也是世界上最大的低地雨林。

[3] 安塞尔姆·盖坦·德斯马雷特（Anselme Gaëtan Desmarest，1784—1838 年），法国动物学家，1822 年为爪哇犀正式命名。

[4] 孙德尔本斯红树林，位于孟加拉国西南角，紧靠孟加拉湾，是世界上最大的红树林保护区之一。

第 4 章 更多的生灵

　　尽管爪哇犀的角是犀牛中最小的，最长也只有 25 厘米，但它的功能颇多。爪哇犀会用角挖泥浆，这样它就可以在松软的泥地里打滚，以去除寄生虫；它也会用角撞倒灌木和其他植被，然后用灵活的上唇将植被的茎秆咬碎来获取食物；它还会用角在密林和沼泽地的芦苇丛中开辟道路。由于视力不好，这头长达 3 米、重达 2300 千克的"装甲巨兽"在密林里前进时显得异常笨拙，银白长臂猿、爪哇懒猴和爪哇鼷鹿也许常在一旁偷看。爪哇犀基本全天都在进食，每天可以吃约 50 千克的植物。它从不挑食，可以将 12 种不同类型的植物换着吃。此外，它还会寻找盐块舔食。盐是它每日所必需的养分之一，但由于它的栖息地所在的乌戎库隆地区矿盐不太多，所以它经常去海边补充盐分。

　　除了前文所述的生存威胁，还有一个潜藏的危险在向爪哇犀靠近。自从 2019 年喀拉喀托火山群岛（位于乌戎库隆国家公园内）发生斯特龙博利式喷发（一种爆发相对温和的火山喷发类型）以来，乌戎库隆国家公园存在随时发生海啸的风险，这使得最后 67 头爪哇犀的命运变得不确定起来。除此以外，地震、持续降雨带来的洪水，都在威胁着这些自由自在的奇蹄目动物。为此，乌戎库隆国家公园的管理员将它们的居所搬到了内陆，以防灾难的发生。这也算是对它们 20 世纪悲惨遭遇的一种补偿。当意识到它们即将灭绝时，乌戎库隆当地政府便禁止捕猎它们。但不幸的是，爪哇犀仍旧被偷猎者捕杀，于是 1921 年当地政府成立了自然保护区；1937 年，将其改为野生动物保护区[5]；1938 年，保护区停止对外开放。

　　尽管如此，有一段时间人们依旧认为爪哇犀已经灭绝，直到 1988 年，在（越南）东奈河（River Dong Nai）附近重新发现它们[6]。但是，关于它们的资料，科学家知道得很少，因为它们孤独而稀有——被列为濒临灭绝的极危物种，加之它们集中生活在一个政治动荡的地区，科学家和探险家害怕遭遇不测，所以很少有人冒险前去对其进行系统的研究。

---

　　[5] 乌戎库隆国家公园下辖 5 个自然保护区，此处作者简略介绍了该公园最早设立的自然保护区及其发展史，与事实略有出入。1921 年和 1937 年应是分别建立了 2 个保护区。

　　[6] 当时发现的是爪哇犀的越南亚种，现已灭绝。

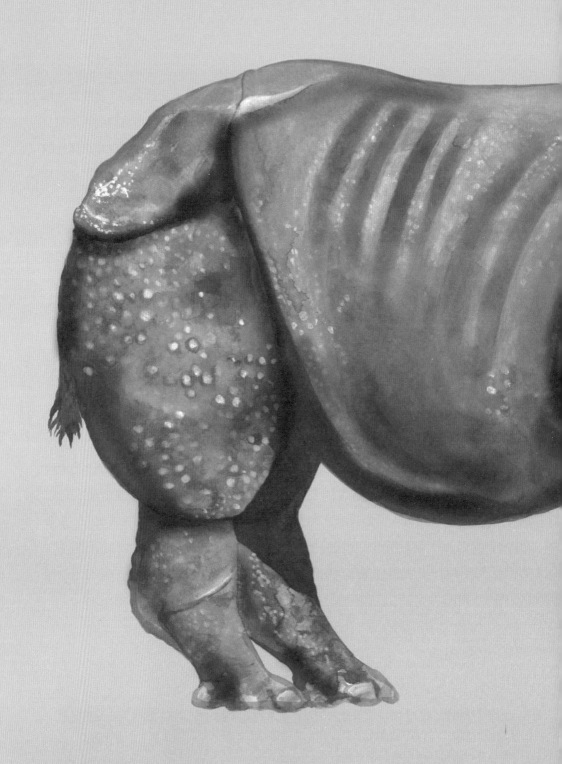

它是唯一一个从太空中肉眼可见的生物结构，但很少有人知道。
而更少有人知道，在这由400种珊瑚组成的35万平方千米的面积里，
包括900座岛屿、1500种鱼类和4000种软体动物，
它们共同构成了一个统一的动物群落。

大堡礁

Filo Cnidaria

（瓦瑞尔，1865；哈切克，1888）[1]

---

[1] 爱迪生·埃默里·瓦瑞尔（Addison Emery Verril，1839—1926 年），美国无脊椎动物学家；伯托尔德·哈切克（Berthold Hatschek，1854—1941 年），奥地利动物学家，二者分别在1865 年和 1888 年发表了对刺胞动物（珊瑚虫所属）的正式科学描述。

第 4 章 更 多 的 生 灵

　　澳大利亚东海岸沿线绵延的大堡礁，其规模之大，超越了"动物"的界限，以至于人类决定不将其纳入动物的范围。人类所能理解的动物体形的极限，应该就是鲸类了。因此，即便是在澳大利亚生活时间最长的原住民，也没有为他们的"邻居"——大堡礁珊瑚群编织歌谣和梦想。

　　梦想时代的原住民会赋予图腾和周围生物生命之歌。在澳大利亚原住民音乐中，人们会为袋鼠、波斯锐缘蜱、笑翠鸟[2]作曲歌唱。正如作家布鲁斯·查特文[3]所说："整个澳大利亚都可以当成乐谱。"然而，没有证据表明他们会为珊瑚编曲。他们可能觉得大堡礁只是一种长着植物的石头，难以激发创作的灵感。

　　但现在我们已经知道，大堡礁是由无数的珊瑚相互连接组成的，而珊瑚又是由一个连着一个的珊瑚虫构成的，正是这无数个微小的存在，组成了地球上最令人惊叹的景观——大堡礁。

　　埃里奥特夫人岛是大堡礁南端的起点。自该岛起，珊瑚沿着海岸线向北延伸 2000 多千米。只需要一个呼吸管（浮潜设备），你就可以下水去抚摸那些黏稠状、披针状和大脑状的珊瑚。有些珊瑚形似鹿角，有些珊瑚则形似巨大的圆顶。在珊瑚虫之间，还有隆头鹦哥鱼、小丑鱼、鲽鱼和虾虎鱼栖息着，为这个沉默的、多刺的水下丛林增添了生机与色彩。可以说，大堡礁的生物多样性能够与热带丛林相媲美。

　　然而在 1960 年至 2000 年，这个世界上最大、保护最严密的珊瑚区域减少了一半。如果地球气温继续上升，科学家预计未来 30 年内大堡礁将继续消失三分之一。到 21 世纪末，大堡礁可能会彻底消失。珊瑚死亡时，会变成白色的骨干，如果全球气候持续变暖，那么终有一天，我们从太空中俯瞰到的大堡礁将只是一条苍白的线，这意味着自然奇观的终结。

---

　　[2] 笑翠鸟是澳大利亚标志性鸟类，曾作为 2000 年悉尼奥运会的吉祥物。

　　[3] 英国传奇作家布鲁斯·查特文曾穿越澳大利亚，写下了游记《歌之版图》等。书中介绍了在澳大利亚的原住民创世神话中，不同的图腾祖先唱着不同的歌谣，这些歌谣对应着不同的土地，祖先用歌谣划分出土地的边界和归属的风俗。

作者介绍

加比·马丁内斯（GABI MARTÍNEZ）

这位 1971 年出生的探险家曾沿尼罗河从源头勇闯至入海口，征服巴基斯坦高耸的喀喇昆仑山脉，探寻委内瑞拉神秘的热带雨林、中国壮丽的海岸线、巴塔哥尼亚迷人的风光，走遍了澳大利亚东西海岸。他的作品生动地描绘了世界各地的风土人情以及动植物生态，展示了人与不同物种间紧密而美好的联系，致力强调人与自然和谐共存的重要性。他的作品已被翻译成十种语言，不仅限于书籍，还有其他多种形式呈现。有些作品标题直言不讳，如《在屏障之上》（*En la Barrera*）和本书，特别关注了地球的环境现状。此外，他还为《国家地理》（*National Geographic*）、《阿尔泰尔》（*Altair*）和《生态学家》（*The Ecologist*）等知名媒体供稿，并在赛尔电台（西班牙知名电台）和报纸上畅谈自然之美。

为了倡导环保理念，加比与志同道合的朋友共同创办了自然文学节，设立了专门阅读自然文学的俱乐部，并成功推动了西班牙第一个自然文学作家驻地项目的实施。同时，作为黑色房车协会的创始成员，致力传播文化与自然的和谐，也是城市与区域生态基金会的创始成员。

乔迪·塞拉隆加（JORDI SERRALLONGA）

这位 1969 年出生于繁华城市的考古学家、博物学家和探险家，游历各地，接受各种文化的熏陶。某天，他意外邂逅了作家、旅行家加比·马丁内斯，于是，"看不见的动物"项目诞生了，同时他们也结下了深厚的友谊。

他是加泰罗尼亚开放大学史前学、人类学和人类进化领域的合作教授，在赫罗纳大学的灵长类学硕士课程和巴塞罗那自治大学的环境传播与旅行新闻硕士课程中担任教职。作为西班牙地理学会研究奖得主，他一边在大学课堂授课，一边在野外探险研究，戴着软呢帽，游历非洲、美洲、大洋洲和亚洲的丛林、草原、海洋、沙漠及山脉，与化石、动物和原住民部落为伴。

作为一名科普作家和教育家，他著有《湖泊守护者》（*Los Guardianes del Lago*）、《回到加拉帕戈斯》（*Regreso a Galápagos*）、《用十个词汇诠释非洲》（*África en 10 Palabras*）和《泥足神明》（*Dioses con pies de Barro*）等书。他还为众多新闻媒体供稿，同时为不同的纪录片编写剧本和提供科学指导。

作为巴塞罗那自然科学博物馆的合作伙伴，他实现了童年的梦想，始终保持着对未知事物的探索欲和求知欲，就像那些曾经激发他热情和兴趣的博物学家一样，继续观察和探索这颗星球，从未停下寻求知识的脚步。

乔安娜·桑塔曼斯（JOANA SANTAMANS）

她 1977 年出生，在蒙特塞拉特（Montserrat）山脚下的美丽小镇长大，其作品深受埃斯帕雷格拉（Esparraguera）和彼罗拉（Hostalets de Pierola）乡村风光的影响。她曾在伦敦、纽约和旧金山等大城市生活，如今定居于巴塞罗那和安普尔丹（Ampurdan）。

积极向上、富有创业精神的她，擅长创作各种富有自然洞察力的艺术作品。她以自然学家的视角观察动植物，通过直觉感受色彩和设计构图。她的艺术作品生动活泼，从酒店和餐厅的壁画、大幅油画展览，到与时装设计师和产品设计师的合作，她的作品无处不在，不拘泥于形式。最重要的是，她倾尽全力参与了本书的插画创作。

致谢

在 21 世纪的今天，我们惊喜地发现仍有人愿意出资探索、记录和传播自然人文遗产相关的项目。《看不见的动物》一书的出版一开始经历了不少困难，直到一位要求匿名的神秘赞助人的出现，才使该项目得以顺利进行。没有他，这一切都不可能实现。

我们非常感激维果·莫特森愿意积极参与项目的实地考察，并为本书撰写序言。同时，我们要感谢哈辛托·安东（Jacinto Antón）的密切参与。我们之间有过无数次对话，谈及动物、丛林、沙漠、山脉、原住民部落和旅行者，这让我们宏伟的构想变为现实。维果、哈辛托以及我们将继续在世界各地探寻"看不见的动物"。

巴塞罗那 Blou 工作室和 Rooi 工作室的艺术总监英格丽·托兰（Ingrid Torán），将本书的设计融入引人入胜的动物世界中，完成了一项艰巨而出色的任务。我们还得到了达尼·迪亚兹（Dani Díaz）、奥里奥尔·巴克·桑切斯（Oriol Vaqué Sánchez）、康妮·贝莱（Connie Bailet）和马丁娜·富斯特·费雷尔（Martina Fuster Ferrer）的帮助。

迭戈·莫雷诺（Diego Moreno）和诺迪卡（Nórdica）高效专业的团队——洛拉·巴罗索（Lola Barroso）、韦罗尼卡·比森特（Verónica Vicente）和阿格尼丝·丰特（Agnés Font）——从一开始就对本出版项目表现出浓厚兴趣。我们对你们的支持感激不尽。

当然，还要感谢在寻找"看不见的动物"过程中那些热情的参与者，他们来自世界各地，有些已经在书中提到，但还有很多人尚未提及。

然而，最特别的致谢应该是本书真正的主角们——那些已灭绝、活着的和神话中的动物，让我们借着这本书得以重新认识和思考它们。这些动物展示了人类现有的生活方式并不是唯一的选择，也许我们可以换一种生活方式，至少应该更爱我们唯一的家园。

参考文献

  为了尽可能科学地用艺术的形式展现 50 种"看不见的动物"，我们参考了各类古生物学和动物学的专业插图，将其作为指导和灵感，并对其进行重构。以下为参考插图的来源，包括自然摄影师及艺术家的作品，艺术家的作品主要是为神话生物的部分提供参考。

The African Wild Dog	Thomas Retterath
The Asian Lion	Matthew Gibson
The Bee	Antagain
The Black Merino Sheep	Gema Arrugaeta
The Bonobo	Anup Shah/ Martin Harvey
The Chupacabras	Unknown author
The Duckbilled Platypus	Zoos Victoria/ Melbourne Zoo
The Flores Man	David H Koch/Smithsonian National Museum of Natural History
The Giant Auk	John James Audubon
The Giant Ground Sloth	Roman Uchytel and Brian Engh
The Giant Lemur	Roman Urchitel

The Kiwi	Eric Isselée
The Korean Tiger	EMPPhotography/ Getty Images
The Lion-tailed Macaque	Fotomicar
The Loch Ness Monster	Mark Turner
The Megalodon	Christopher Perkins
The Moa	Augustus Hamilton
The Mokele Mbembe	Daniel Eskridge
The Queen of Sheba´s Gazelle	EcoPrint
The Reticulated Giraffe	Joel Sartori/ National Geographic Photo Ark
The Saola	David Hulse
The Shoebill	Pumidol Leelerdsakulvong
The Tapir	Mehmet Özhan Araboga
The Tree Kangaroo	T.F.Flannery
The Tsíkayo	Jordi Serrallonga
The Tsuchinoko	Socks317
The White Whale	Wildestanimal/Getty Images
The Wolverine	Erik Mandre

深入了解身边的事物，是迈向理解更广阔世界的重要基础。

——希帕提娅（360—415 年）

世界上第一位女数学家

总有一些未知的地方和不可思议的东西，等着我们去发现。

——卡尔·萨根（1934—1996 年）

美国天文学家、天体物理学家、科普作家

问题在于，我们是否愿意接受这样一个事实：未来我们的孙辈只能通过图画书来认识大象，而无法亲自见到它们？我们不能坐视物种灭绝，我们必须采取行动，恢复生物多样性。

——大卫·爱登堡爵士（1926— ）

世界自然纪录片之父